U0158037

AutoCAD建筑制图实用教程

主　编　王　蕊　刘　洋　孙　猛
副主编　王　璐　王祎男

北京理工大学出版社
BEIJING INSTITUTE OF TECHNOLOGY PRESS

内 容 提 要

本书为校企协同开发教材、“互联网+”教材，采用项目式与任务驱动的教学模式，将理论知识穿插在项目中，从精选建筑构件的绘制到一套完整的建筑施工图纸绘制，由简单到复杂，条理清晰，步骤明确，符合学习规律，使读者能更好地掌握建筑施工图绘制方法、绘制技巧及步骤。本书设计了六个项目，分别为AutoCAD软件概述、基本图形的绘制、建筑平面图的绘制、建筑立面图的绘制、建筑剖面图的绘制、建筑详图的绘制。每个项目均配有教学视频；在教程中，结合知识点，适当地穿插课程思政案例，使课程内容更具内涵、更丰富。

本书可作为高等院校开设“建筑CAD”相关系列课程的教材，也适合应用型本科学校师生使用，还可作为从事建筑工程技术人员的培训材料和学习参考书。

版权专有　侵权必究

图书在版编目(CIP)数据

AutoCAD建筑制图实用教程 / 王蕊，刘洋，孙猛主编
.--北京：北京理工大学出版社，2024.1
ISBN 978-7-5763-2959-9

Ⅰ.①A… Ⅱ.①王… ②刘… ③孙…　Ⅲ.①建筑制图—计算机辅助设计—AutoCAD软件—高等学校—教材
Ⅳ.①TU204

中国国家版本馆CIP数据核字（2023）第193000号

责任编辑： 钟　博　　　**文案编辑：** 钟　博
责任校对： 周瑞红　　　**责任印制：** 王美丽

出版发行 / 北京理工大学出版社有限责任公司
社　　址 / 北京市丰台区四合庄路6号
邮　　编 / 100070
电　　话 / (010) 68914026（教材售后服务热线）
(010) 68944437（课件资源服务热线）
网　　址 / http：//www. bitpress. com. cn

版 印 次 / 2024年1月第1版第1次印刷
印　　刷 / 河北鑫彩博图印刷有限公司
开　　本 / 787 mm × 1092 mm　1/16
印　　张 / 10
字　　数 / 211千字
定　　价 / 89.00元

图书出现印装质量问题，请拨打售后服务热线，负责调换

前言

PREFACE

近年来，AutoCAD软件在建筑行业的应用越来越广泛，是建筑行业人才所必须掌握的一项技能，AutoCAD绘图是高等院校开设的一门重要课程，有利于学生掌握绘图技能。

本书结合高等院校学生学习的特点，将职业技能等级标准与行业标准有关内容及要求有机融入，采用任务驱动模块形式构建教学体系，着重介绍AutoCAD软件的操作技能与应用技巧。本书轻理论重实操，将知识点融入精心设计的项目任务，在任务中学，在实操中提升操作技能，从简单的图形绘制到完整的建筑施工图的绘制，由简单到复杂，知识点交代清晰，操作步骤明了，插图齐全，符合学习规律。

本书有配套的课件、视频及线上课程学习平台，在教程中适当融入课程思政元素，有相应的课程思政案例资源。本书内容丰富、图文并茂、可操作性强，有利于读者快速掌握并使用AutoCAD软件，适合作为高等院校建筑类专业相应课程的教材，也可作为开放大学、成人教育、自学考试、中职学生自学的参考书。

本书由辽宁建筑职业学院王蕊、刘洋、孙猛担任主编，由沈阳园林规划设计院有限公司王璐、沈阳金域国际建筑设计有限公司王祎男担任副主编，具体编写分工为：项目1和项目2由王蕊编写；项目3和项目6由孙猛编写；项目4和项目5由刘洋编写；王璐、王祎男参与了各项目的素材遴选及图形绘制等工作。

本书在编写过程中难免存在疏漏或不妥之处，恳请读者批评指正，以便今后改进与完善。

编者

CONTENTS

目　录

项目1

AutoCAD 软件概述

本项目介绍 AutoCAD 软件的发展史，功能简介，启动、退出等操作，绘图界面组成，视图控制，对象选择，绘图环境设置，查询功能等基础知识，为绘制图形提供基础保障。

视频：软件概述

任务1 AutoCAD 软件介绍

1.1 软件发展史

Auto CAD(Autodesk Computer Aided Design)是 Autodesk(欧特克)公司首次于 1982 年开发的自动计算机辅助设计软件，可以用于绘制二维制图和基本三维设计，通过它无须懂得编程，即可自动制图。因此，它在全球广泛使用，可以用于土木建筑、装饰装潢、工业制图、工程制图、电子工业、服装加工等多领域。

1982—1988 年，历经先后九个版本的改进升级，AutoCAD 绘图功能逐步完善，出现屏幕菜单、下拉式菜单和状态行。1988 年推出的第 10 个版本——R10 版已经具有完整的图形用户界面和 2D/3D 绘制功能，标志着 AutoCAD 进入成熟阶段，并确立了其在国际 CAD 领域的主流地位。正是从这个版本开始，AutoCAD 开始在我国普及。AutoCAD 版本发展历程见表 1-1。

表 1-1 AutoCAD 版本发展历程

年份	版本
1990	R11
1992	R12
1994	R13
1997	R14

续表

年份	版本
1999—2001	R15(AutoCAD 2000/2001/2002)
2003—2005	R16(AutoCAD 2004/2005/2006)
2006 至今	R17(AutoCAD 2007—2023)

在使用时不用一味追求高版本，版本越高对计算机硬件的要求越高，能够满足使用要求即可。本教程使用 AutoCAD 2014 版本。不同版本的 CAD 软件交互时，会遇到文件兼容性问题，遵循向下兼容原则，高版本的可以打开低版本的，但低版本的无法打开高版本的，所以在使用高版本 CAD 软件时，可以将其保存为低版本的，以兼容低版本用户使用。

1.2 基本特点

(1)具有完善的图形绘制功能。

(2)具有强大的图形编辑功能。

(3)可以采用多种方式进行二次开发或用户定制。

(4)可以进行多种图形格式的转换，具有较强的数据交换能力。

(5)支持多种硬件设备。

(6)支持多种操作平台。

(7)具有通用性、易用性，适用于各类用户。

此外，从 AutoCAD 2000 开始，该系统又增添了许多强大的功能，如 AutoCAD 设计中心(ADC)、多文档设计环境(MDE)、Internet 驱动、新的对象捕捉功能、增强的标注功能及局部打开和局部加载的功能。

1.3 基本功能

(1)“平面绘图”：能以多种方式创建直线、圆、椭圆、多边形、样条曲线等基本图形对象。

(2)“绘图辅助工具”：AutoCAD 提供了正交、对象捕捉、极轴追踪、捕捉追踪等绘图辅助工具。正交功能使用户可以很方便地绘制水平、竖直直线；对象捕捉可帮助拾取几何对象上的特殊点；追踪功能使画斜线及沿不同方向定位点变得更加容易。

(3)“编辑图形”：AutoCAD 具有强大的编辑功能，可以移动、复制、旋转、阵列、拉伸、延长、修剪、缩放对象等。

(4)“标注尺寸”：可以创建多种类型尺寸，标注外观可以自行设定。

(5)“书写文字”：能轻易在图形的任何位置、沿任何方向书写文字，可设定文字字体、倾斜角度及宽度缩放比例等属性。

(6)“图层管理功能”：图形对象都位于某一图层上，可设定图层颜色、线型、线宽等特性。

(7)“三维绘图”：可以创建3D实体及表面模型，能对实体本身进行编辑。

(8)“网络功能”：可以将图形在网络上发布，或是通过网络访问AutoCAD资源。

(9)“数据交换”：AutoCAD提供了多种图形图像数据交换格式及相应命令。

(10)“二次开发”：AutoCAD允许用户定制菜单和工具栏，并能利用内嵌语言Autolisp、Visual Lisp、VBA、ADS、ARX等进行二次开发。

任务2　AutoCAD的启动

本教程介绍的CAD版本为AutoCAD 2014(简称AutoCAD)，其他版本AutoCAD软件的操作方法基本上与此相同或相似。掌握AutoCAD 2014的操作方法与技巧后，可以很快地应用其他CAD版本软件。启动AutoCAD的方法有很多，这里只介绍常用的两种启动方法。

2.1 通过桌面快捷方式

最简单的启动方法是直接用鼠标双击桌面上的AutoCAD 2014－简体中文（Simplified Chinese)快捷方式图标，即可启动AutoCAD软件。AutoCAD 2014的启动界面如图1-1所示。

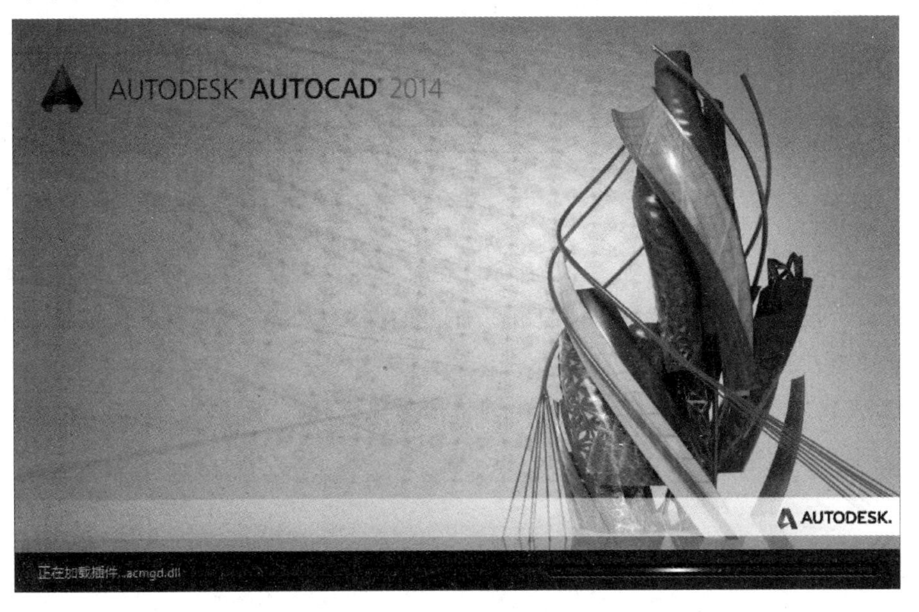

图1-1　AutoCAD 2014的启动界面

2.2 通过“开始”菜单

从任务栏中选择“开始”菜单，在程序中选择“AutoCAD 2014－简体中文(Simplified Chinese)”文件，也可以启动 AutoCAD 2014。进入 AutoCAD 工作界面，如图 1-2 所示。

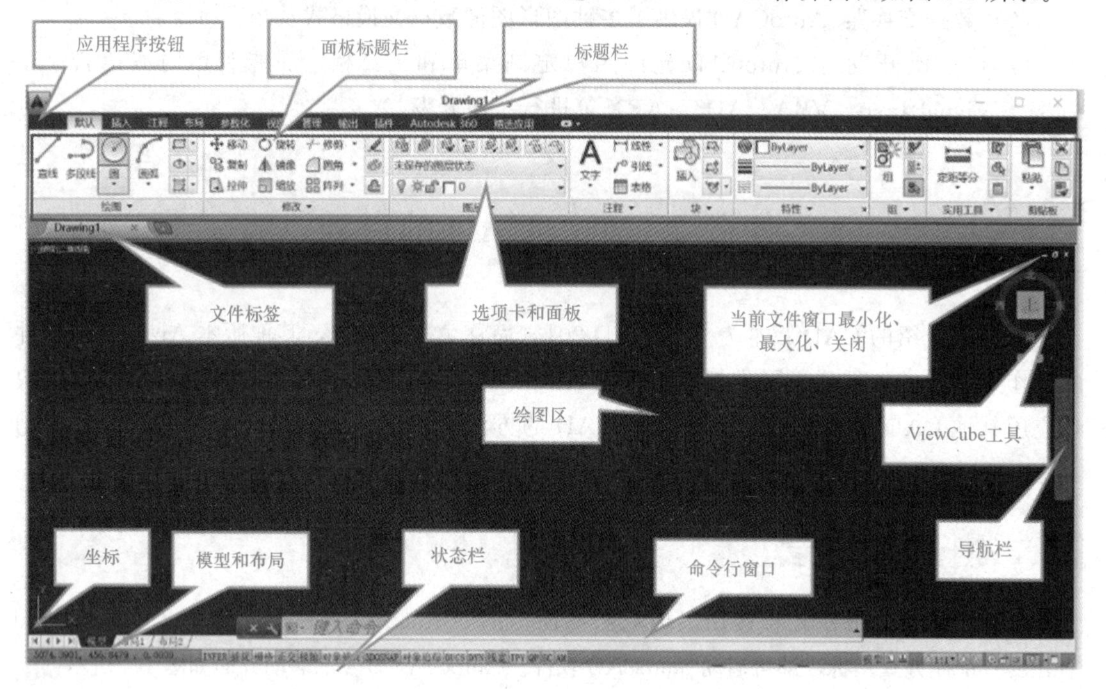

图 1-2　AutoCAD 2014 工作界面

任务 3　AutoCAD 的工作界面

AutoCAD 2014 工作界面如图 1-2 所示，由标题栏、菜单栏、功能区(选项卡和面板)、绘图区、命令行窗口、状态栏等部门组成。如果菜单栏、功能区(选项卡和面板)等被隐藏，可以采用以下方法将其调出：

(1)在空白处单击鼠标右键，在弹出的快捷菜单中选择“选项”，如图 1-3 所示。弹出“选项”对话框，如图 1-4 所示。

图 1-3　空白处右键快捷菜单

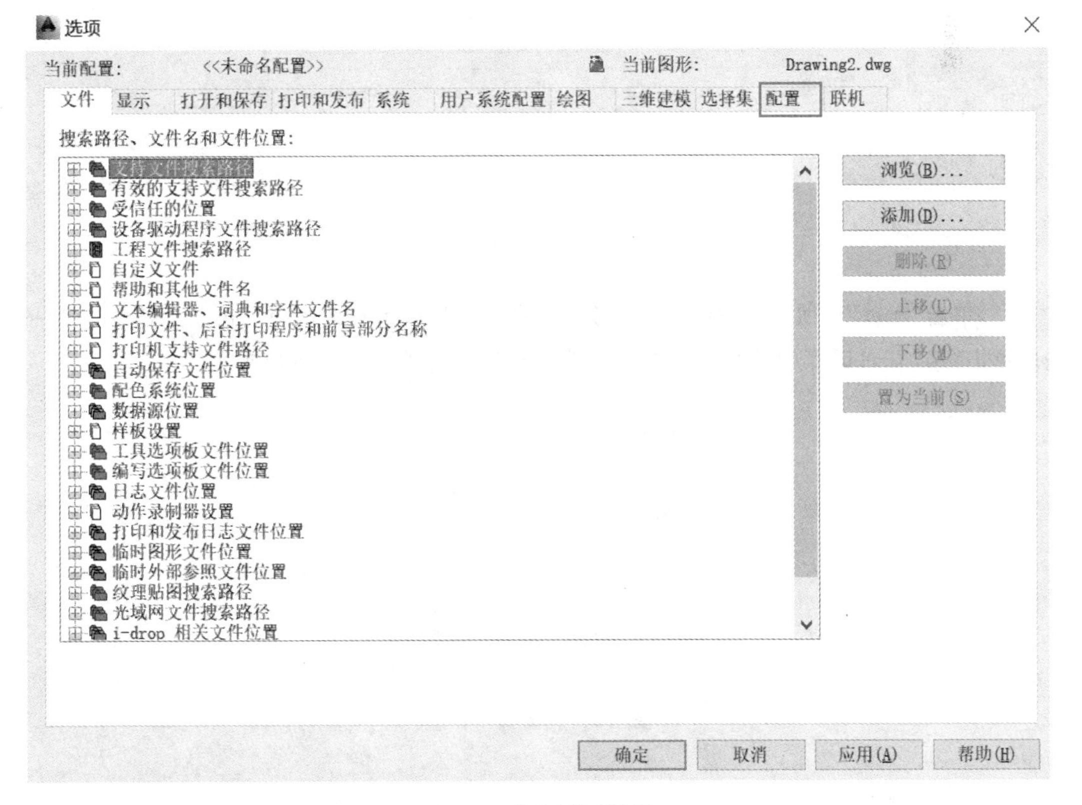

图 1-4　“选项”对话框

(2)在“选项”对话框中选择“配置”选项卡，如图 1-5 所示。

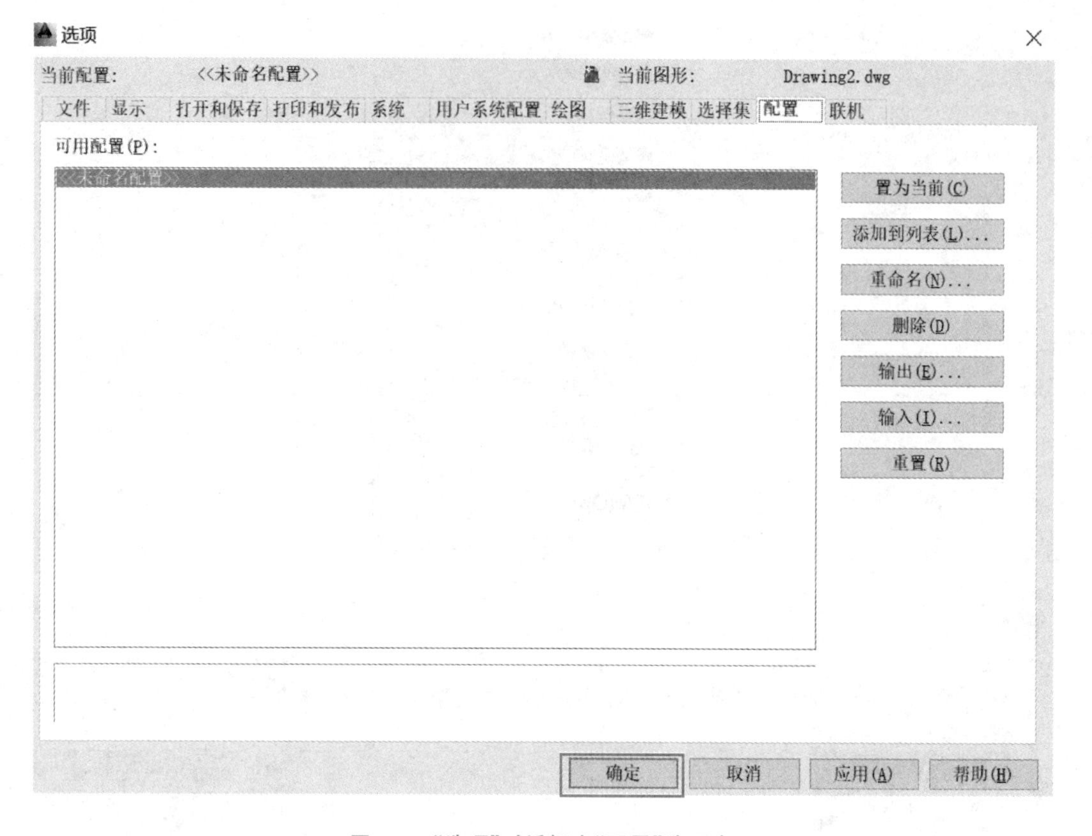

图 1-5 “选项”对话框中“配置”选项卡

(3)单击“配置”选项卡右侧的“重置”按钮，在弹出的提示对话框中单击“是”按钮(图 1-6)，最后单击“选项”对话框中的“确定”按钮。菜单栏等功能面板就显现出来了。

图 1-6 重置提示信息

3.1 绘图区

位于屏幕中间的整个黑色区域是 AutoCAD 2014 的绘图区，也称为工作区域。默认设置下的工作区域是一个无限大的区域，可以按照图形的实际尺寸在绘图区内任意绘制各种图形。改变绘图区颜色的方法如下：

(1)调出“选项”对话框，如图 1-4 所示。

(2)选择“显示”选项卡，单击“窗口元素”选项组中的“颜色”按钮，弹出“图形窗口颜色”对话框。

(3)在“界面元素”列表框中选择要改变的界面元素，可以改变任意界面元素的颜色，默认为“统一背景”；单击“颜色”下拉按钮，在展开的列表中选择“白”。

(4)单击“应用并关闭”按钮，返回“选项”对话框；单击“确定”按钮，将绘图窗口的颜色改为白色。

3.2 命令行窗口

命令行窗口是输入命令名和显示命令提示的区域，默认的命令行窗口布置在绘图区下方。AutoCAD 通过命令行窗口反馈各种信息，如输入命令后的提示信息，包括错误信息、命令选项、提示信息等。因此，应时刻关注在命令行窗口中出现的信息。

可以使用文本窗口的形式来显示命令行窗口。按 F2 键，弹出“AutoCAD 文本窗口”，可以使用文本编辑的方法进行编辑。可以利用快捷键 Ctrl＋9 进行命令行窗口的隐藏/显现。

3.3 状态栏

状态栏位于工作界面的最底部，左端显示当前十字光标所在位置的三维坐标，右端依次显示“推断约束”“捕捉”“栅格”“正交”“极轴追踪”“对象捕捉”“三维对象捕捉”“对象捕捉追踪”“DUCS”“动态输入”“线宽”“透明度”“快捷特性”和“选择循环”共 14 个辅助绘图工具按钮，如图 1-7 所示。当按钮处于凹下状态时，表示该按钮处于打开状态，再次单击该按钮，可关闭相应按钮。

图 1-7 辅助工具栏

1. 栅格和捕捉

“栅格”是指在绘图区域内显示水平方向等距离布置和垂直方向等距离布置的点阵图案。栅格就像一张坐标纸，默认情况下，栅格沿着 X 和 Y 方向上的距离均为 10 单位(单位可通过格式菜单里的二级菜单“单位”设置)。

“捕捉”是指鼠标光标只能在栅格点上跳跃移动，即鼠标光标只能停留在栅格点上，而不会停留在其他位置。

由于栅格是等距离的点阵，在绘制图形的时候可通过拾取栅格点来确定距离。如绘制一个边长分别为 3、4、5 个单位的直角三角形，可利用“栅格”和“捕捉”来完成。

栅格和捕捉的设置：在栅格按钮上单击鼠标右键，选择“设置”选项，弹出“草图设置”

对话框，展开“捕捉和栅格”选项卡，如图 1-8 所示。该选项卡由“捕捉间距”“栅格样式”“极轴间距”“栅格间距”“捕捉类型”“栅格行为”6 部分组成。

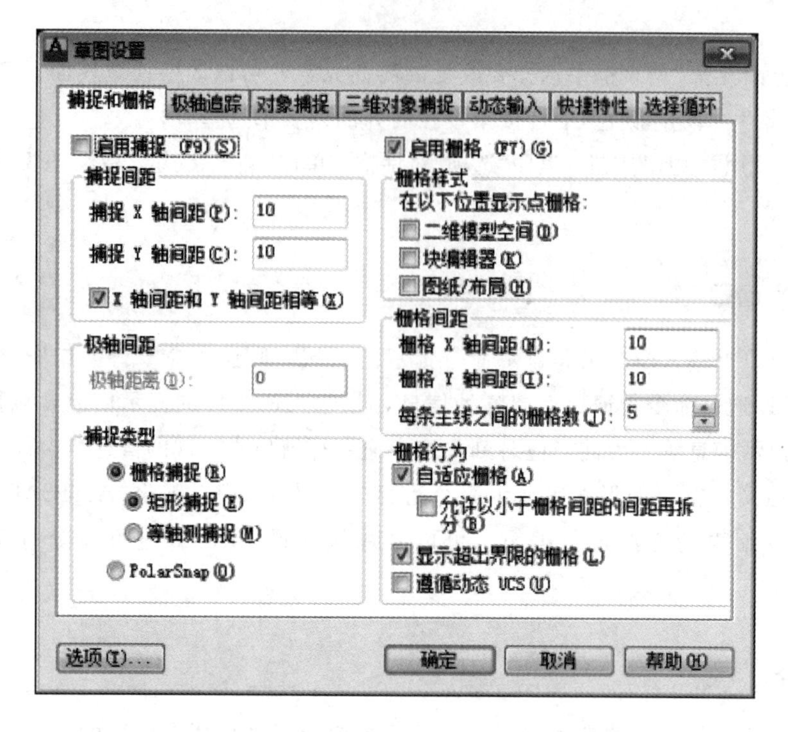

图 1-8 “草图设置”对话框—“捕捉和栅格”选项卡

(1)“捕捉间距”选项组：启用捕捉时，移动光标一次跳跃的距离。

(2)“栅格样式”选项组：设置是否在“二维模型空间”“块编辑器”和“图纸/布局”中显示栅格。

(3)“极轴间距”选项组：设置极轴距离。

(4)“栅格间距”选项组：可以设置栅格的间距(相邻栅格点的水平和垂直距离)。

(5)“捕捉类型”选项组：“栅格捕捉”可以选择“矩形捕捉”或“等轴测捕捉”，“矩形捕捉”用来绘制正投影图，“等轴测捕捉”用来绘制等轴测图。

(6)“栅格行为”选项组：可以设置“自适应栅格”“显示超出界限的栅格”和“遵循动态”等三项。

2. 正交和极轴

在正交模式下，光标被约束在水平或垂直方向上移动(相对于当前用户坐标系)，便于画水平线和竖直线。单击状态栏上的“正交”按钮或按 F8 键即可打开或关闭正交模式。

极轴是为了追踪到用户设定的任意角度，是一种比正交功能更强的辅助工具。极轴的操作方法：鼠标光标在设置的角度及整数倍角度附近移动，会出现一条点状线，该点状线成为极轴追踪线，鼠标光标会自动吸附到该点状线上，同时会显示目前点状线的角度及光标到起点的距离。

极轴追踪角度可以根据需要设置，设置方法：将鼠标光标移至“极轴”按钮，单击鼠标右键，在弹出的快捷菜单中选择“设置”即可弹出“草图设置”对话框并打开“极轴追踪”选项卡，如图 1-9 所示。该选项卡分为极轴角设置、对象捕捉追踪设置和极轴角测量 3 个部分。

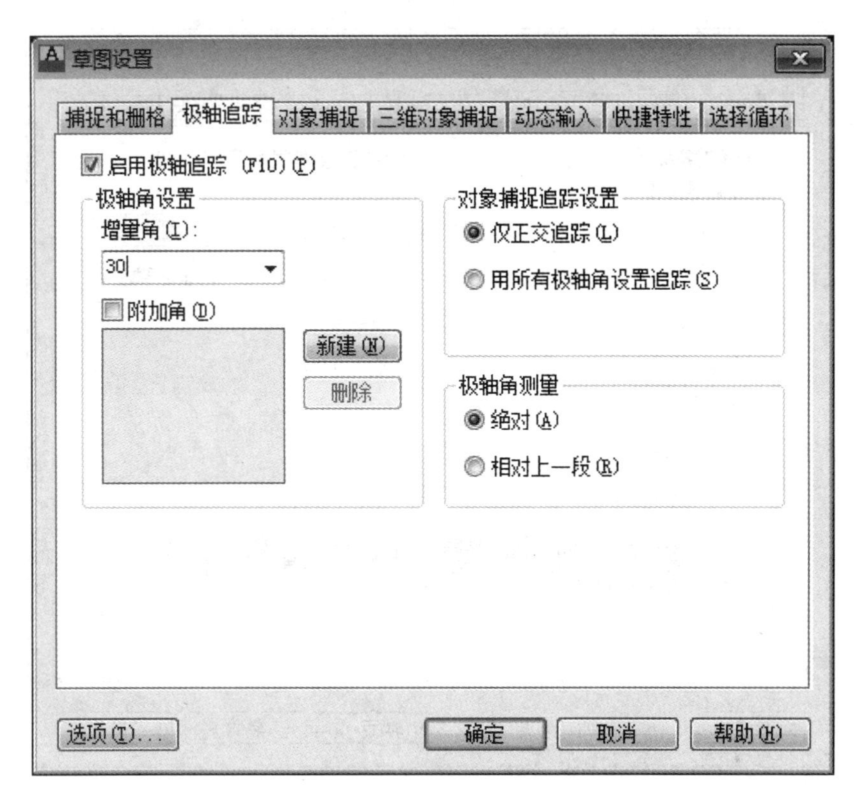

图 1-9　极轴追踪设置

(1)极轴角设置。极轴角设置用来设置增量角，即选择一个角度作为增量角，这样就能追踪到该角度的整数倍角度，如将增量角设为 30°，则在绘图区域光标能追踪到 30°、60°、120°、150°等 30°角的整数倍角。

(2)对象捕捉追踪设置。“对象捕捉追踪”是“对象捕捉”和“极轴追踪”的复合。有“仅正交追踪”和“用所有极轴角设置追踪”两项可供选择。“仅正交追踪”是指在进行“对象追踪”时，只能追踪对象上的水平方向和垂直方向；“用所有极轴角设置追踪”是指在进行“对象追踪”时，可以追踪对象上预先设定的增量角的整数倍角度方向。

(3)极轴角测量。有“绝对”和“相对上一段”两项可供选择。“绝对”是指追踪角度是与 X 轴正向的夹角；“相对上一段”是指追踪角度是与前一段直线的夹角。

3. 对象捕捉和动态输入

“对象捕捉”功能可以捕捉到对象上的特征点，如端点、中点、圆心、交点等特征点，而无须知道该点的坐标，也不用担心光标点到该特征点之外的位置。AutoCAD 2014 提供端点、中点、圆心、节点、象限点、交点、延伸、插入点、垂足、切点、最近点、外观交点、平行等特征点可供捕捉。在“对象追捕捉”按钮上单击鼠标右键，在弹出的快捷菜单中选择“对象捕捉设置”，即可弹出“草图设置”对话框并打开“对象捕捉”选项卡，勾选需要捕捉的点，如图 1-10 所示。

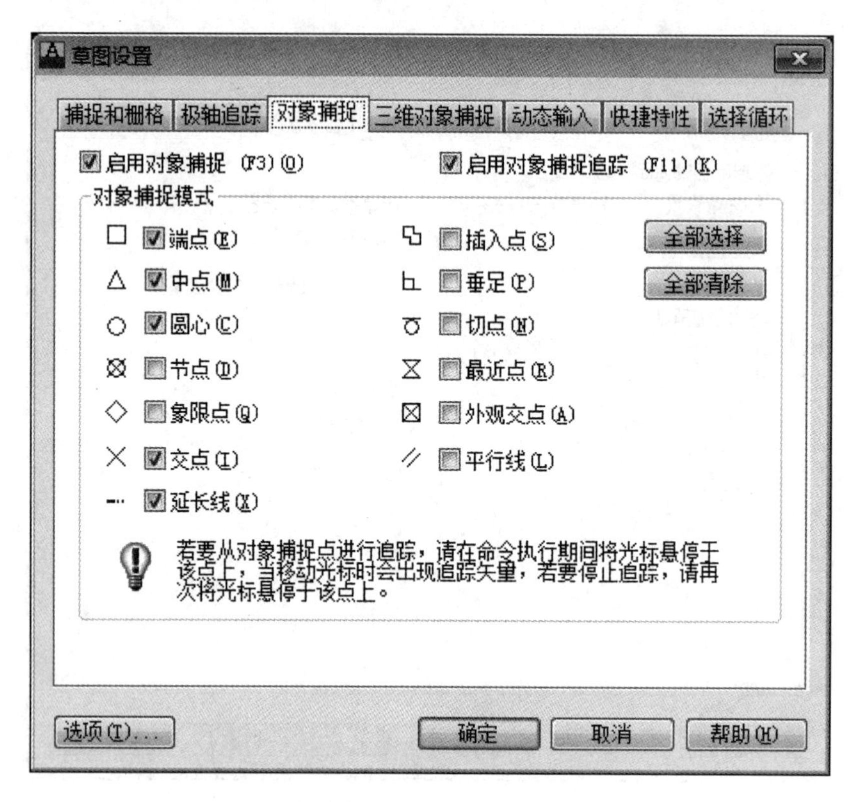

图 1-10 “对象捕捉”选项卡

各个捕捉点的说明如下。

(1)端点：直线、曲线、三维实体等的端点。

(2)中点：捕捉到对象(如圆弧、椭圆、直线、多段线线段、面域、样条曲线、构造线或三维对象的边)的中点。

(3)圆心：圆的同心或椭圆的中心。

(4)节点：各特殊点，如等分点。

(5)象限点：圆周与 X 轴、Y 轴的交点，以及椭圆长轴和短轴的两个端点。

(6)交点：两个图形的交点。

(7)延长线：没有实际相交的对象延伸后的交点。

(8)插入点：外部图块、文字的插入点。

(9)垂足：直线和其垂线的交点。

(10)切点：曲线和其切线的交点。

(11)最近点：离鼠标光标最近的图形上的点。

(12)外观交点：三维图形中实际不相交但看起来相交的点。

(13)平行线：将直线段、多段线线段、射线或构造线限制为与其他线性对象平行。

4. 三维对象捕捉

“三维对象捕捉”工具可以捕捉三维对象上的特征点，其与“对象捕捉”操作方法相同，此处不再赘述。

5. 动态输入

“动态输入”是设置在输入距离或角度等参数时，参数在绘图区域显示而不在命令窗口内显示。

任务 4 AutoCAD 的退出

退出 AutoCAD 操作系统有很多种方法，下面介绍常用的几种：

(1)单击 AutoCAD 工作界面标题栏的“关闭”按钮。

(2)单击应用程序按钮，弹出应用程序下拉菜单，单击“退出 AutodeskAutoCAD 2014”按钮。

(3)在命令行中输入 QUIT 命令后按空格或 Enter 键。

退出前弹出是否保存提示对话框，如图 1-11 所示。

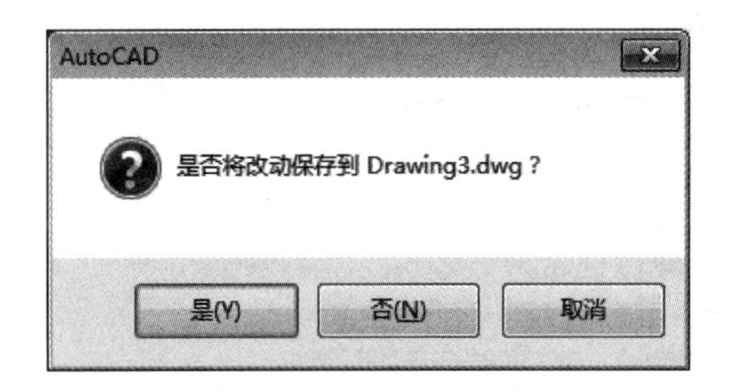

图 1-11 AutoCAD 退出对话框

注意：如果图形修改后尚未保存，则退出之前会弹出图 1-11 所示的系统警告对话框。单击“是”按钮，系统保存文件后退出；单击“否”按钮，系统不保存文件；单击“取消”按钮，系统取消执行的命令，返回原 AutoCAD 2014 绘图界面。

任务 5　图形文件的管理

5.1 新建文件

创建新的图形文件常用的方法如下：

(1)单击应用程序下拉菜单中的“新建”按钮。

(2)单击文件标签右侧的“+”按钮。

(3)在命令行中输入 NEW。

说明： 系统默认的图形名为 drawing1. dwg。

执行该命令后，将弹出图 1-12 所示的“选择样板”对话框，选择需要的样板文件，单击“打开”按钮，即可完成文件的创建。

图 1-12　“选择样板”对话框

5.2 打开文件

打开已有图形文件常用的方法如下：

(1)单击应用程序下拉菜单中的“打开”按钮。

(2)命令行中输入 OPEN。

执行该命令后，将弹出图 1-13 所示的“选择文件”对话框。如果在文件列表中同时选择多个文件，单击“打开”按钮，可以同时打开多个图形文件。

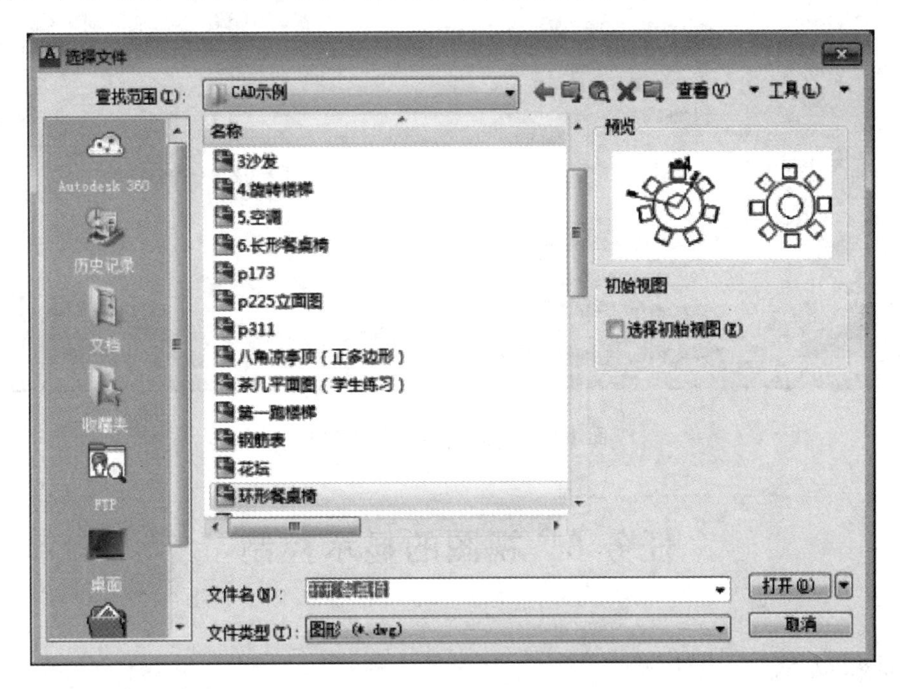

图 1-13 “选择文件”对话框

5.3 存储文件

保存图形文件有以下几种方法。

(1)执行应用程序下拉菜单中的“保存”或“另存为”命令。

(2)在命令行中输入 SAVE。

执行该命令后，将弹出图 1-14 所示的“图形另存为”对话框。选择保存的位置，输入文件名，单击“保存”按钮。

图 1-14 “图形另存为”对话框

任务 6 视图的显示控制

6.1 视图的缩放

视图的缩放是指调整图形在绘图区域内显示的大小，只是改变图形的视觉效果，并不改变图形的实际尺寸，相当于把图纸移开或靠近的效果。AutoCAD 2014 提供很多种视图缩放方法，执行视图缩放操作有多种途径，常用的方法有以下两种：

(1)前后滚动鼠标中键滚轮实现实时缩放。

(2)使用命令 ZOOM 或 Z 实现缩放。

在命令行中输入 ZOOM 或 Z，命令行提示如下：

```
命令：zoom
指定窗口的角点，输入比例因子 (nX 或 nXP)，或者
[全部(A)/中心(C)/动态(D)/范围(E)/上一个(P)/比例(S)/窗口(W)/对象(O)]<实时>：
```

各选项的功能如下：

1)全部(A)：选择该选项后，显示窗口将在屏幕中间缩放显示整个图形界限的范围。如果当前图形的范围尺寸大于图形界限，将最大范围地显示全部图形。

2)中心(C)：此项选择将按照输入的显示中心坐标，确定显示窗口在整个图形范围中的位置，而显示区范围的大小则由指定窗口高度确定。

3)动态(D)：该选项为动态缩放，通过构造一个视图框支持平移视图和缩放视图。

4)范围(E)：选择该选项可以将所有已编辑的图形尽可能大地显示在窗口内。

5)上一个(P)：选择该选项将返回前一视图。当编辑图形时，经常需要对某一小区域进行放大，以便精确设计，完成后返回原来的视图，不一定是全图。

6)比例(S)：该选项按比例缩放视图，如在“输入比例因子(nX或nXP)：”提示下，如果输入0.5，表示将屏幕上的图形缩小为当前尺寸的1/2；如果输入2，表示使图形放大为当前尺寸的2倍。

7)窗口(W)：该选项用于尽可能大地显示由两个角点所定义的矩形窗口区域内的图像。此选项为系统默认的选项，可以在输入ZOOM命令后，不选择“W”选项，而直接用鼠标光标在绘图区内指定窗口以局部放大。

8)对象(O)：该选项可以尽可能大地在窗口内显示选择的对象。

9)实时：选择该选项后，上下拖动鼠标光标，可以连续地放大或缩小图形。此选项为系统默认的选项，直接按Enter键即可选择该选项。

(3)用菜单命令实现缩放。选择菜单【视图】中的【缩放】，作用同上，如图1-15所示。

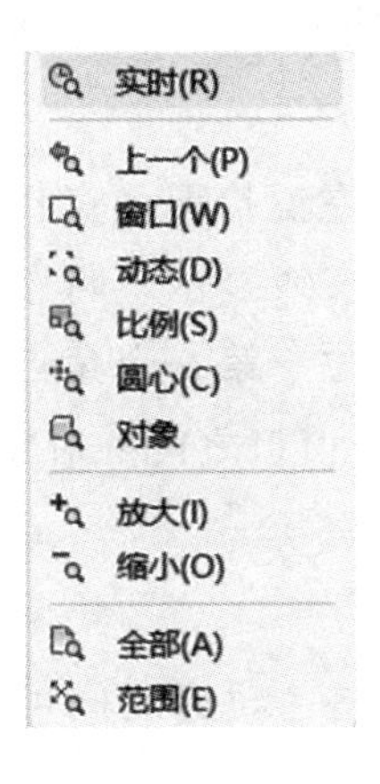

图1-15　视图缩放下拉菜单

6.2 视图平移

视图的平移是指不改变图形显示的大小，而改变图形在绘图区域中的位置(平移时连同坐标系一起平移，所以平移并不改变对象中任何点的坐标)。执行视图平移的命令有以下三种途径：

(1)在命令行中键入PAN或P，此时，鼠标光标变成手形光标，按住鼠标左键在绘图区内上下左右移动鼠标，即可实现图形的平移。

(2)选择菜单“视图”中的“平移”，选中 实时 按钮，按住鼠标左键就能实现平移功能。

(3)按住鼠标滚轮，当光标变成手形光标时，也可以实现平移功能。

注意：各种视图的缩放和平移命令在执行过程中均可以按ESC键提前结束命令。

任务7 选择对象

7.1 执行编辑命令

执行编辑命令有以下两种方法：

(1)先输入编辑命令，在“选择对象”提示下，再选择合适的对象。

(2)先选择对象，所有选择的对象以夹点状态显示，再输入编辑命令。

7.2 构造选择集的操作

在选择对象过程中，选中的对象呈虚线亮显状态，选择对象的方法如下。

1. 使用拾取框选择对象

例如，要选择圆形，在圆形的边线上单击鼠标左键即可。

2. 指定矩形选择区域

在“选择对象”提示下，单击鼠标左键拾取两点作为矩形的两个对角点。如果第二个角点位于第一个角点的右边，窗口以实线显示，叫作“W窗口”，此时，完全包含在窗口之内的对象被选中；如果第二个角点位于第一个角点的左边，窗口以虚线显示，叫作“C窗口”或“交叉窗口”，此时完全包含于窗口之内的对象及与窗口边界相交的所有对象均被选中。

3. F(Fence)

栏选方式，即可以画多条直线轨迹，轨迹之间可以相交，凡与轨迹相交的对象均被选中。

4. P(PreVious)

前次选择集方式，可以选择上一次选择集。

5. R(Remove)

删除方式，用于把选择集由加入方式转换为删除方式，可以删除误选到选择集中的对象。

6. A(Add)

添加方式，把选择集由删除方式转换为加入方式。

任务 8　绘图界限和单位设置

8.1 设置绘图界限

在 AutoCAD 2014 中一般按照 1∶1 的比例绘图。绘图界限可以控制绘图的范围，相当于手工绘图时图纸的大小。设置图形界限还可以控制栅格点的显示范围，栅格点在设置的图形界限范围内显示。

视频：绘图界限和单位设置

以 A3 图纸为例，假设绘图比例为 1∶100，设置绘图界限的操作如下。

在命令行输入 LIMITS 命令，命令行提示如下：

```
命令：limits
重新设置模型空间界限：
指定左下角点或［开(ON)/关(OFF)］<0.0000,0.0000>：//按 Enter 键,设置左下角点为系统默认的原点位置
指定右上角点 <420.0000,297.0000>：42000,29700//输入右上角点坐标
```

说明：提示中[开(NO)/关(OFF)]选项的功能是控制打开/关闭图形界限检查。选择“NO”时，系统打开图形界限的检查功能，只能在设定的图形界限内画图，系统拒绝输入图形界限外部的点。系统默认设置为“OFF”，此时关闭图形界限的检查功能，允许输入图形界限外部的点。

```
命令：z
ZOOM
指定窗口的角点,输入比例因子(nX 或 nXP),或者
[全部(A)/中心(C)/动态(D)/范围(E)/上一个(P)/比例(S)/窗口(W)/对象(O)]< 实时> :a
正在重生成模型
```

8.2 设置绘图单位

在绘图时应先设置图形的单位，即图上一个单位所代表的实际距离，设置方法：在命令行输入“UNITS”或“UN”，弹出“图形单位”对话框，如图 1-16 所示。

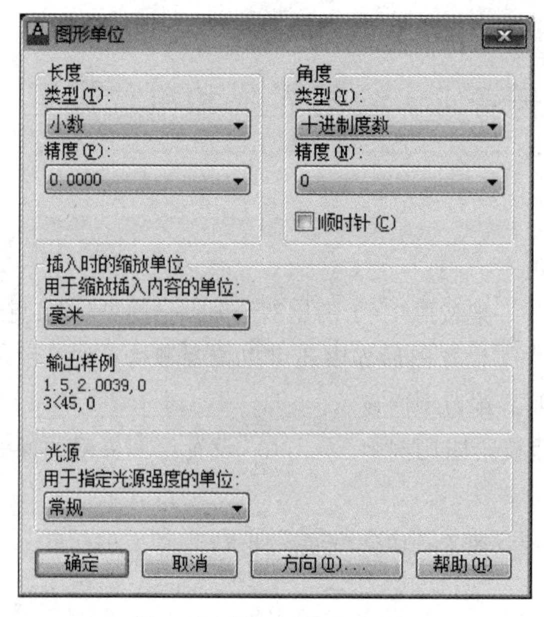

图 1-16 “图形单位”对话框

1. 设置长度单位及精度

在“长度”选项组中，可以从“类型”下拉列表提供的 5 个选项中选择一种长度单位，也可以根据绘图的需要从“精度”下拉列表中选择一种合适的精度。

2. 角度的类型、方向及精度

在“角度”选项组中，可以在“类型”下拉列表中选择一种合适的角度单位，并根据绘图的需要在“精度”下拉列表中选择一种合适的精度。“顺时针”复选框用来确定角度的正方向，当该复选框没有选中时，系统默认角度的正方向为逆时针；当该复选框选中时，表示以顺时针方向作为角度的正方向。

单击图 1-16 中的“方向”按钮，将弹出“方向控制”对话框，如图 1-17 所示。该对话框用来设置角度为 0 的方向，默认以正东的方向为 0°角。

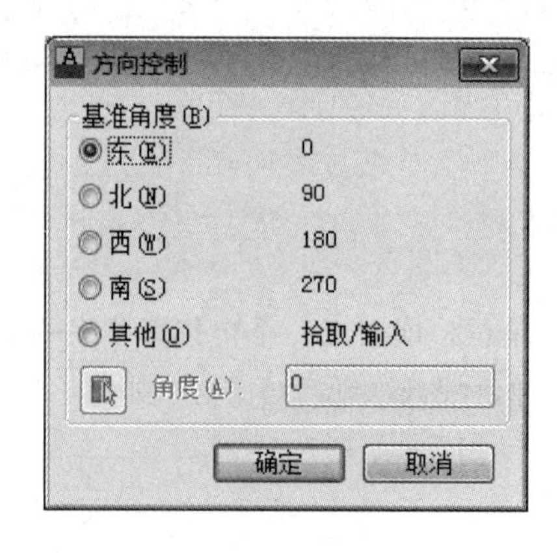

图 1-17 “方向控制”对话框

3. 设置插入时的缩放单位

用于控制使用工具选项板拖入当前图形的块的测量单位。如果块或图形创建时使用的单位与该选项指定的单位不同，则在插入这些块或图形时，将对其按比例缩放。插入比例是块源或图形使用的单位与目标图形使用的单位之比。如果插入块时不按指定单位缩放，应选择“无单位”。

任务 9　查询功能

查询功能是 AutoCAD 一个很有效的设计辅助工具，利用查询功能可以查询点的坐标、两点间的距离、半径、角度、封闭图形的面积和体积等。

视频：查询功能

9.1 查询点的坐标

查询点的坐标操作有以下两种途径：

(1)单击“默认”选项卡“实用工具”面板下拉列表中的“点坐标”按钮，如图 1-18 所示。

(2)在命令行窗口输入命令 ID，按 Enter 键执行命令。

执行上述任一种查询操作后，使用鼠标拾取要查询的点，在命令窗口会显示该点的坐标值。

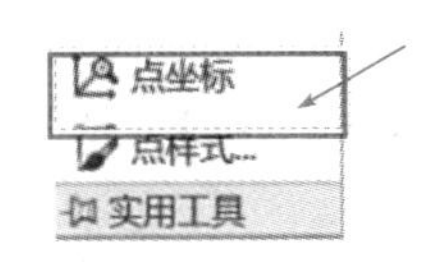

图 1-18　“点坐标”按钮

9.2 查询两点间的距离

查询距离操作有以下两种途径：

(1)单击“默认”选项卡“实用工具”里“定距等分”下拉菜单里的“距离”按钮，如图 1-19 所示。

(2)在命令行窗口输入命令 DI，按 Enter 键执行命令。

执行上述任一种查询操作后，依次单击要查询距离的两个点，在命令窗口会显示该距离。

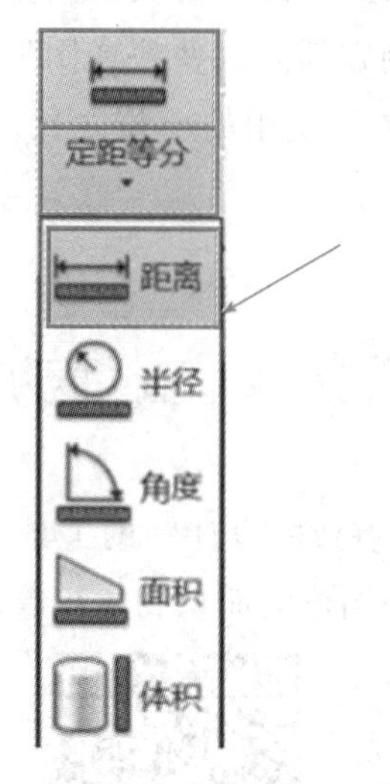

图 1-19　测量两点之间的距离

9.3 查询面积

查询面积的操作有以下两种途径：

(1)单击“默认”选项卡“实用工具”里“定距等分”下拉菜单中的“面积”按钮。

(2)在命令行窗口输入命令 Area，按 Enter 键执行命令。

查询面积可以显示对象的面积和周长，根据对象的不同，查询面积的方式也不同，下面介绍 4 种查询面积的方法：

1)通过鼠标依次拾取各点查询面积。这种查询面积的方法适用于全部由直线构成的闭合图形，如查询图 1-20 所示的多线形的面积。操作方法如下：

```
命令：_area
输入选项[距离(D)/半径(R)/角度(A)/面积(AR)/体积(V)]<距离>：_area
                                                  //单击多边形的第一个角点
指定第一个角点或[对象(O)/增加面积(A)/减少面积(S)/退出(X)]<对象(O)>：
                                                  //单击多边形的第二个角点
指定下一个点或[圆弧(A)/长度(L)/放弃(U)]：           //单击多边形的第三个角点
指定下一个点或[圆弧(A)/长度(L)/放弃(U)]：           //单击多边形的第三个角点
指定下一个点或[圆弧(A)/长度(L)/放弃(U)]：           //单击多边形的第三个角点
指定下一个点或[圆弧(A)/长度(L)/放弃(U)]：           // 按 Enter 键结束
区域＝123020.8670,周长＝1523.9689
```

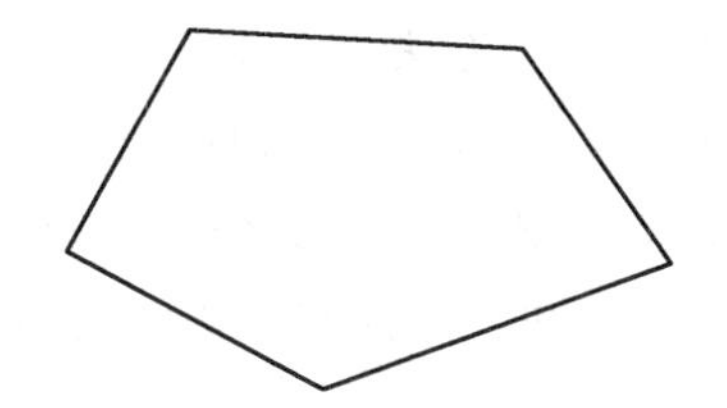

图 1-20　由多条直线构成的闭合图形

2)利用单击对象的方式查询面积。这种方式适用于单个对象构成的封闭图形，如矩形、圆、椭圆等对象。

3)利用加减方式查询面积。这种方法适用于组合图形，如查询如图 1-21 所示组合图形阴影部分的面积。

```
命令：_area
指定第一个角点或[对象(O)/增加面积(A)/减少面积(S)]<对象(O)> :a
                                        //输入 a 按 Enter 键,采用加模式选择对象
指定第一个角点或[对象(O)/减少面积(S)]:o              //输入 o 按 Enter 键
("加"模式)选择对象：                                //单击大椭圆
面积＝11151.7612,周长＝425.1760
总面积＝11151.7612
("加"模式)选择对象：                                //按 Enter 键,结束加模式
指定第一个角点或[对象(O)/减少面积(S)]:s
                                        //输入 s 按 Enter 键,采用减模式选择对象
指定第一个角点或[对象(O)/增加面积(A)]:o              //输入 o 按 Enter 键
("减"模式)选择对象：                                //鼠标单击小圆
面积＝853.2504,圆周长＝103.5483
总面积＝10298.5108
("减"模式)选择对象：                                //鼠标单击另一小椭圆
面积＝1913.5715,周长＝165.6588
总面积＝8384.9393
```

最后的结果"总面积＝8 384.939 3"即为阴影部分的面积。

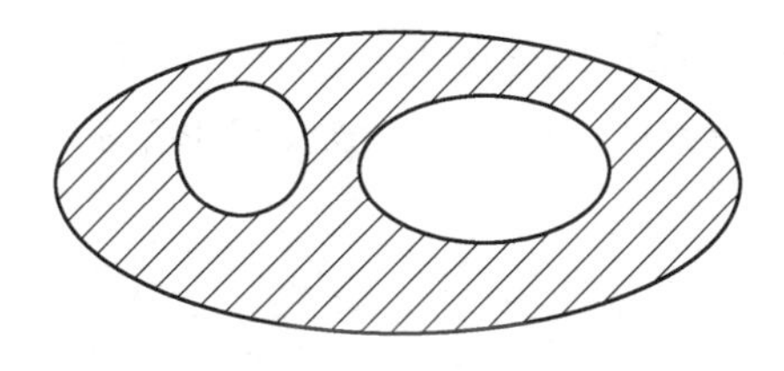

图 1-21　组合图形

4)通过面域的方式查询面积。这种方法适合于查询含有曲线边界的封闭图形的面积，如查询图 1-22 所示曲边多边形(实线部分，由两条直线和一段椭圆弧构成)的面积。若采用通过鼠标依次拾取各点的方式查询面积，查询的将是三角形的面积，而非曲边多边形的面积。先利用“面域”命令将由两条直线和一段椭圆弧构成的多边形编辑为一个面域，再利用 area 命令查询面域的面积。

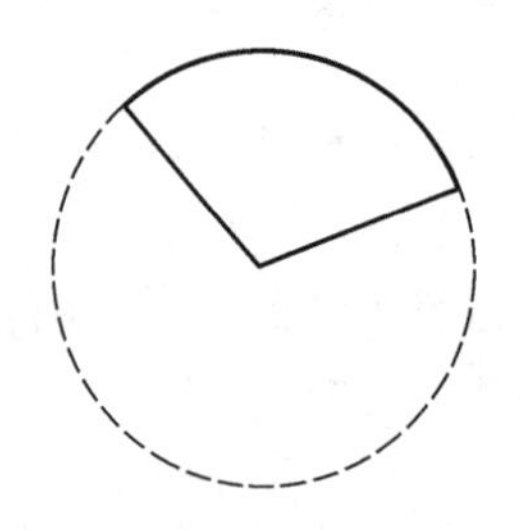

图 1-22　带曲线的闭合图形

生成面域的方法有以下两种：

①单击“默认”选项卡“绘图”面板下拉列表中的“面域”按钮，如图 1-23 所示。

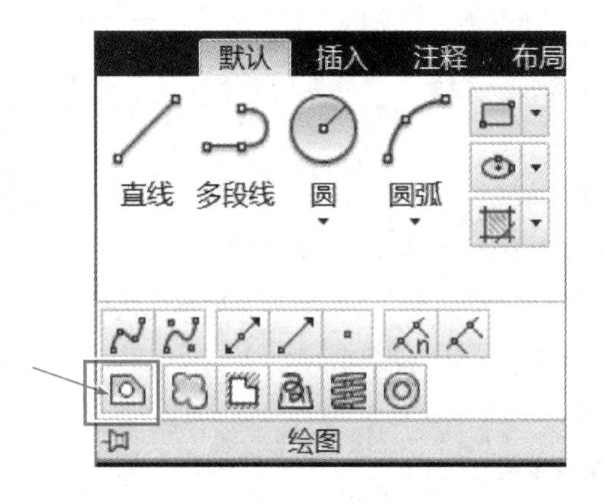

图 1-23　面域命令

②在命令行窗口输入 region，按 Enter 键执行命令即可。

课后任务

1. 创建新的图形文件 w. dwg，保存在 d://CAD 文件夹中。

2. 打开://CAD 文件夹中的 w. dwg 文件，设置图形界限为 594 mm×420 mm。

学习笔记

项目 2 基本图形的绘制

通过鲁班锁、篮球场及一些建筑构件的绘制，学习 CAD 中常用的绘制、修改等操作命令及方法，为后边施工图的绘制做铺垫。

任务 1 鲁班锁的绘制

绘制任务

绘制鲁班锁部件三视图，如图 2-1 所示。

视频：鲁班锁的绘制

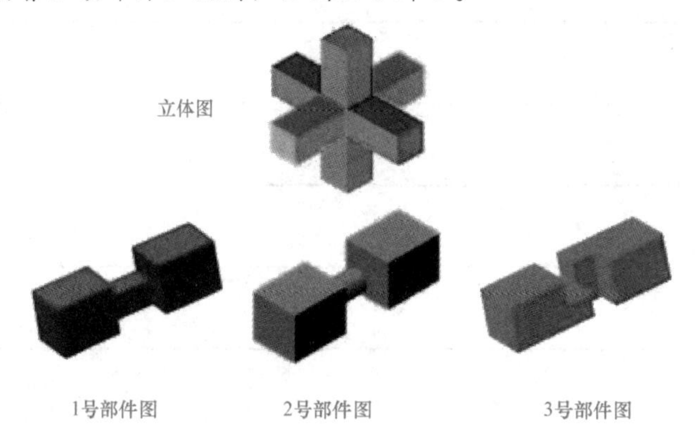

图 2-1 绘制任务鲁班锁部件

知识目标

1. 了解坐标系、直角坐标和极坐标的概念；
2. 掌握点的输入方法；
3. 掌握直线的绘制方法。

能力目标

能够熟练进行直线的绘制，并能灵活应用正交、捕捉等功能。

素养目标

培养学生敬业、精益、专注、创新的鲁班精神。

1.1 坐标系

1. 世界坐标系(WCS)

在世界坐标系(WCS)中，X 轴是水平的，Y 轴是竖直的，Z 轴垂直于 XY 平面，即绘图平面。世界坐标系是固定坐标系，其存在于每张图中，不可更改。系统默认为世界坐标系。

2. 用户坐标系(UCS)

世界坐标系不能更改，使绘图很不方便，为此 AutoCAD 提供了基于世界坐标系的用户坐标系，用户坐标系的原点可以选在世界坐标系的任意位置，坐标轴的方向也可以任意旋转和倾斜，用户可以根据图中对象灵活确定 UCS。建立 UCS 的方法有以下两种：

(1)执行菜单栏“工具”→“新建 UCS”→“原点”命令。

(2)在命令行中输入 UCS 命令并按空格或 Enter 键。

命令提示如下：

```
命令:ucs
当前 UCS 名称: * 世界*
[新建(N)/移动(M)/正交(G)/上一个(P)/恢复(R)/保存(S)/删除(D)/应用(A)/? /
世界(W)] <世界> : N
指定新 UCS 的原点或 [Z 轴(ZA)/三点(3)/对象(OB)/面(F)/视图(V)/X/Y/Z] <0,0,
0> :
```

1.2 点的输入方法

1. 点的样式

二维图形都是由直线和曲线构成，而直线和曲线都是由点构成的。默认情况下，点是没有大小的，点在图形上是不会显示的。为了显示输入的点，可以通过“点样式”选项板调整点的外观。

执行“点样式”的操作方式如下：

单击“ 默认”选项卡 “实用工具”面板下拉列表中的“点样式”按钮，如图 2-2 所示，弹出“点样式”对话框，如图 2-3 所示，选择点的样式及设置点的大小。

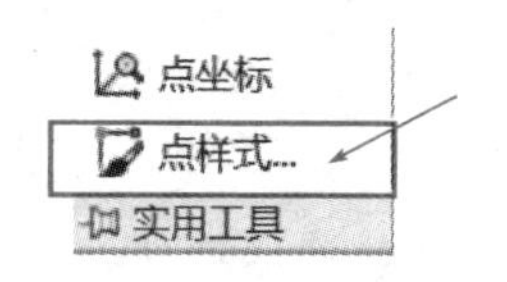

图 2-2 “点样式”按钮

在命令行窗口输入 DDPTYPE 命令，按 Enter 键即可弹出“点样式”对话框(图 2-3)。

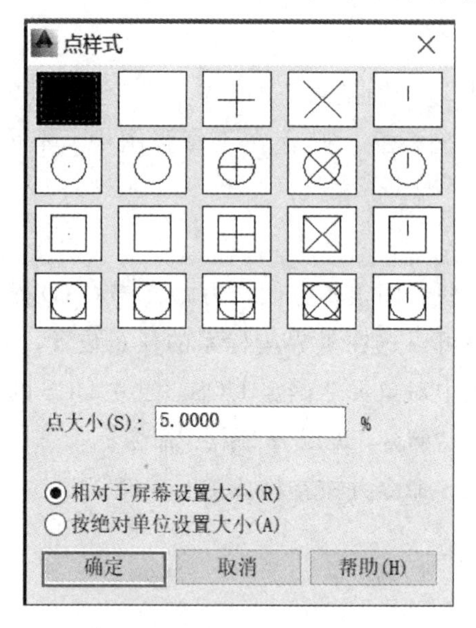

图 2-3 “点样式”对话框

2. 绝对直角坐标

绝对直角坐标是以原点为参照点来定位其他点，输入以逗号分隔的 X 值和 Y 值，表示方法为 X，Y。X 值是沿水平轴以单位表示的正或负的距离。Y 值是沿垂直轴以单位表示的正或负的距离，如：100，100。

3. 相对直角坐标

相对直角坐标是以上一个输入的点为参照点，与坐标系的原点无关，通过输入对参照点的偏移来确定点的位置。如果知道某点与前一点的位置关系时，常用相对坐标。使用时需要在输入坐标前面添加@符号，如：@100，100。

4. 绝对极坐标

极坐标是指一个点与参考点之间的距离和角度。绝对极坐标以原点 0，0 为基准，已知某点距离原点的准确距离和 X 轴正向的角度时，使用绝对极坐标，如：100<60。

5. 相对极坐标

相对极坐标是以上一个输入点为基准，已知某点距前一输入点的距离和 X 轴正向的角度时，使用相对极坐标。使用时需要在输入坐标前面添加@符号，如：@100<120。

1.3 直线的绘制方法

通过指定两个点可以绘制直线，绘制直线的操作有以下两种途径：

在命令行窗口输入绘制直线的命令 Line(L)。

单击“默认”选项卡“绘图”面板上的“直线”按钮。

根据绘制情况的不同，AutoCAD 2014 提供了不同绘制直线两点的方法。

1. 用鼠标直接点取直线的两个端点

命令提示如下：

```
命令：_line 指定第一点：                //鼠标在绘图区域单击一点作为直线的起点
指定下一点或[放弃(U)]：                 //鼠标在绘图区域单击第二点作为直线的终点
指定下一点或[放弃(U)]：                 //按 Enter 键或空格键完成
```

2. 输入坐标绘制直线

```
命令：I
LINE 指定第一点：200,200 //绝对坐标
指定下一点或［放弃(U)］：@300,300 //相对上一个点的相对坐标
```

1.4 鲁班锁 1 号部件三视图的绘制步骤

(1)启动 AutoCAD 软件，创建一个图形文件，进入鲁班锁部件 1 的绘制。取消栅格，执行直线绘制命令，注意命令窗口的提示信息。

(2)在绘图区选取任意一点作为起点，开始图形的绘制，将正交模式打开，右键单击状态栏对象捕捉按钮，将垂足处于选中状态。

(3)沿着 Y 轴正向输入距离 20(每次输入后要按空格执行命令)，再沿着 X 轴的负向输入 20，依次 Y 轴的负向输入 20，X 轴的正向输入 70，Y 轴的正向输入 20，X 轴的负向输入 20，Y 轴的负向输入 20(此处也可以捕捉和水平线的垂足)。按空格键结束本次直线绘制命令。

(4)再次按空格键，反复执行上一次操作，即直线绘制命令，将对象捕捉模式的中点处于选中状态，捕捉内部左侧垂直方向直线的中点作为本次直线绘制的第一点，同理捕捉另外一条内部右侧垂直方向直线的中点，按空格键结束直线命令。

鲁班锁 1 号部件主视图的绘制完成，如图 2-4 所示。

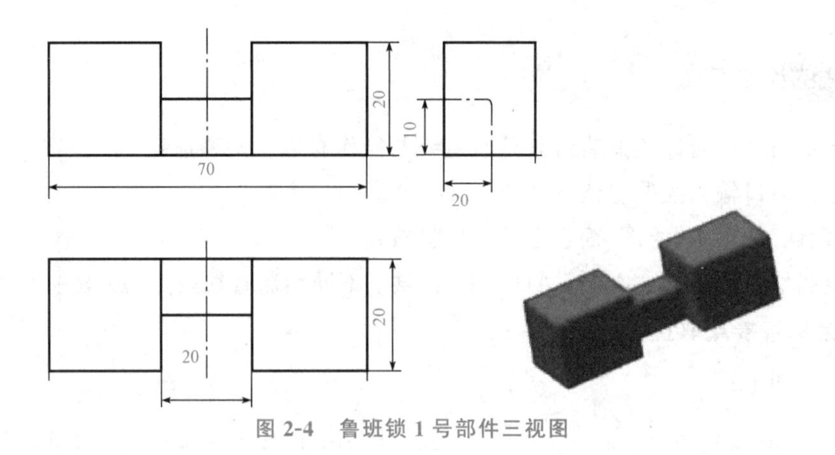

图 2-4　鲁班锁 1 号部件三视图

课后任务

鲁班锁 2 号部件三视图的绘制(图 2-5)。

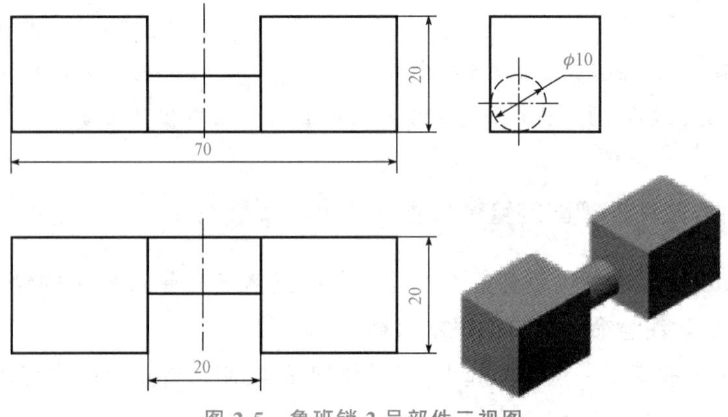

图 2-5　鲁班锁 2 号部件三视图

任务 2　篮球场平面图的绘制

绘制任务

绘制篮球场平面图，如图 2-6 所示。

视频：篮球场的绘制

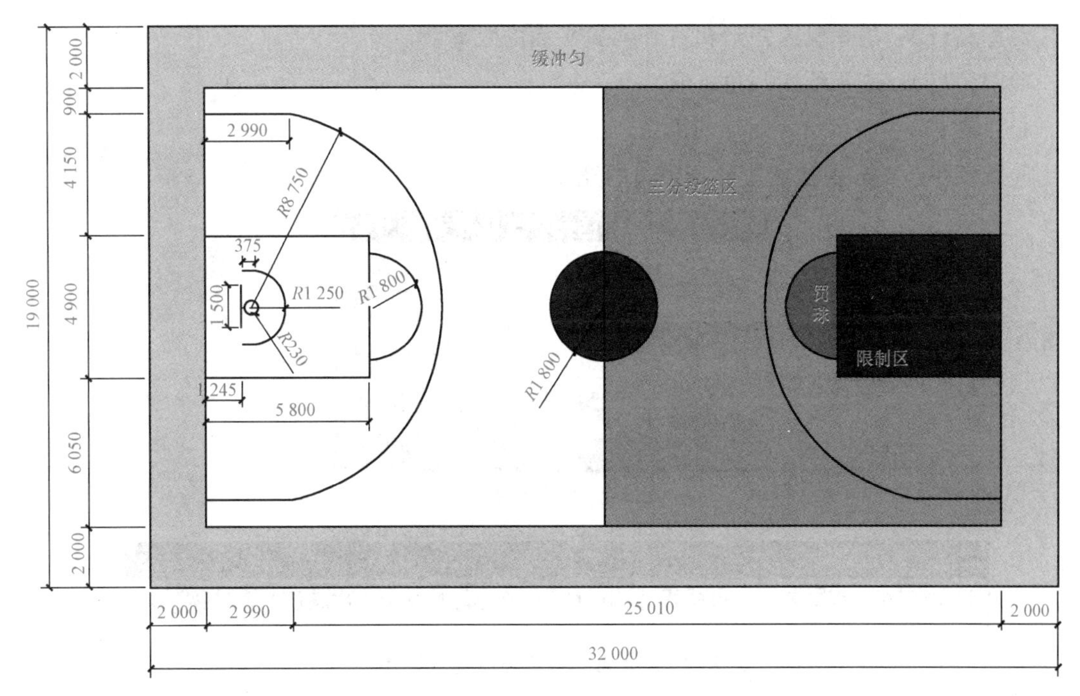

图 2-6　篮球场平面图

知识目标

1. 掌握矩形、圆、圆弧的绘制方法及各个参数的应用；
2. 了解修剪、镜像命令的使用方法；
3. 掌握拉伸、分解、偏移命令的使用方法。

能力目标

能够掌握篮球场的绘制方法，并能综合应用绘图和修改命令。

素养目标

培养学生的体育精神，提升爱国情怀。

2.1 矩形的绘制

常用的绘制矩形的途径如下：

(1)单击“默认”选项卡“绘图”面板中的“矩形”按钮，如图 2-7 所示。

(2)在命令行窗口输入 rectang，按 Enter 键执行命令，命令行窗口信息如图 2-8 所示，各选项说明如下。

1)倒角(C)：表示绘制倒角矩形。

2)标高(E)：表示输入矩形相对于 XY 平面的距离。

3)圆角(F)：表示绘制圆角矩形。

4)厚度(T)：表示指定矩形的厚度。

5)宽度(W)：表示指定矩形四条边的宽度。

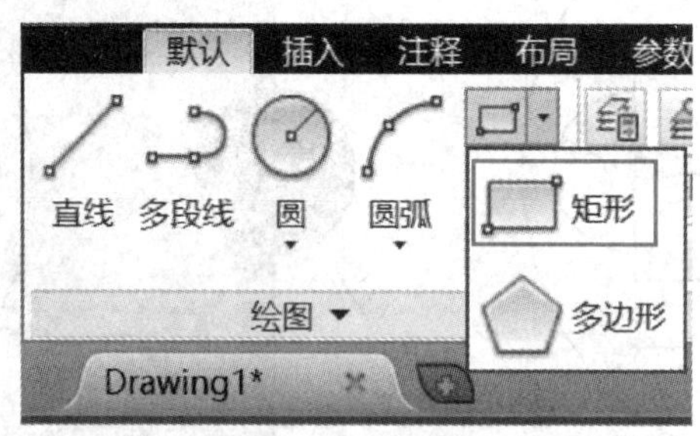

图 2-7　矩形绘制按钮

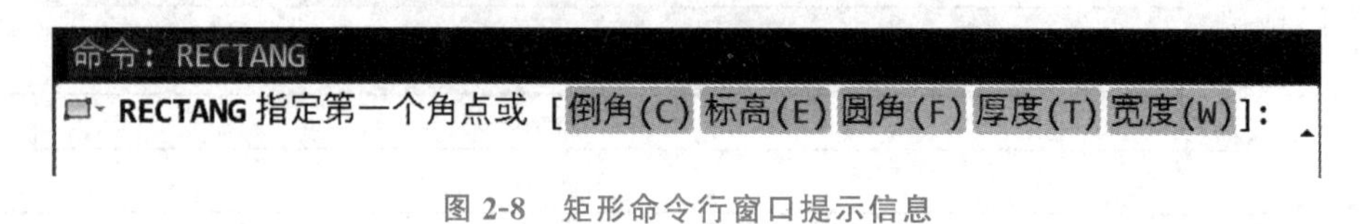

图 2-8　矩形命令行窗口提示信息

2.2 圆的绘制

常用的绘制圆的途径如下：

(1)单击“默认”选项卡“绘图”面板中的“圆”按钮，如图 2-9 所示。

(2)在命令行窗口输入绘制圆命令 circle(C)。

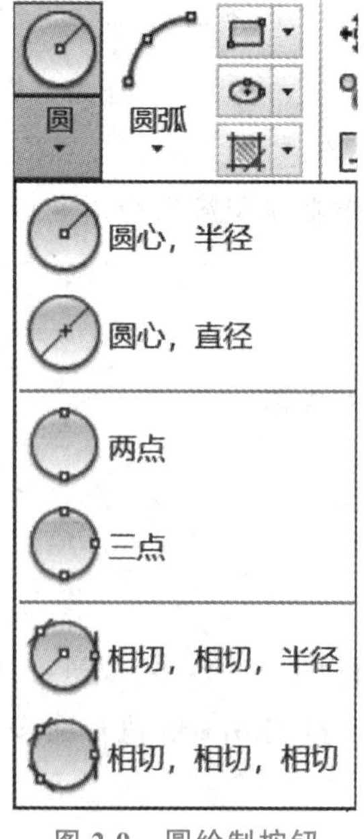

图 2-9　圆绘制按钮

2.3 圆弧的绘制

常用的绘制圆弧的途径如下：

(1)单击“默认”选项卡“绘图”面板中的“圆弧”按钮，如图 2-10 所示。

(2)在命令行窗口输入绘制圆命令 ARC。

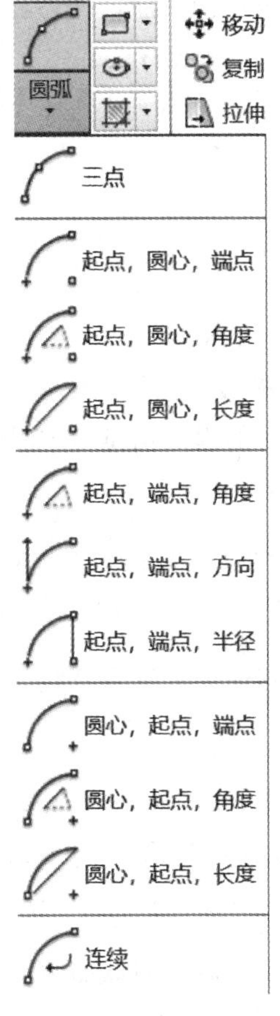

图 2-10 圆弧绘制按钮

2.4 偏移

(1)单击“默认”选项卡“修改”面板中的“偏移”按钮。

(2)在命令窗口输入偏移命令 offset(O)。

2.5 移动

(1)单击“默认”选项卡“修改”面板中的“移动”按钮。

(2)在命令窗口输入移动命令 move(M)。

2.6 镜像

镜像是指利用原有图形创建新图形的一种方法。镜像功能是创建轴对称图形最快速的方法。对于一个对称图形，用户可以先创建图形的一半，然后使用镜像的方法产生另一半。激活镜像命令的方法如下：

(1)单击“默认”选项卡“修改”面板中的“镜像”按钮。

(2)在命令窗口输入镜像命令 Mirror(Mi)。

图 2-6 所示的篮球场平面图，是一个轴对称图形，可以利用所绘制的 1/2 篮球场通过镜像命令，绘制出其他部分篮球场。

2.7 篮球场绘制步骤

(1)启动 AutoCAD 软件，创建一个图形文件，进入篮球场平面图的绘制。取消栅格，执行矩形绘制命令，绘制长 3 200、宽 1 900 的矩形。

首先执行矩形命令(注意命令窗口的提示信息)，在屏幕上任选一点作为矩形的起点。

```
命令: _rectang
指定第一个角点或[倒角(C)/标高(E)/圆角(F)/厚度(T)/宽度(W)]:
指定另一个角点或[面积(A)/尺寸(D)/旋转(R)]: @ 32000,19000
```

(2)选中要偏移的矩形，利用偏移命令绘制内框线。

```
命令: _offset
当前设置:删除源=否   图层=源   OFFSETGAPTYPE=0
指定偏移距离或[通过(T)/删除(E)/图层(L)]<2000.0000> : 2000
指定要偏移的那一侧上的点,或[退出(E)/多个(M)/放弃(U)]<退出> :
```

(3)利用直线命令绘制限制区，绘制后的图像如图 2-11 所示。

```
命令:LINE
指定第一个点: 5050  //通过追踪捕捉到距离内框左下角点 Y 方向 5050 的位置点
指定下一点或[放弃(U)]: * 取消*
<正交 开> 5800                                    //X 轴方向
指定下一点或[放弃(U)]: 4900                       // Y 轴方向
指定下一点或[闭合(C)/放弃(U)]: 5800               //X 轴方向
指定下一点或[闭合(C)/放弃(U)]: * 取消*
```

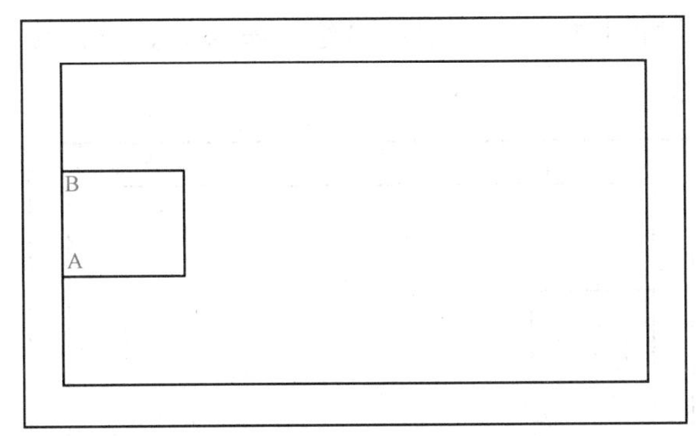

图 2-11　篮球场框线及限制区的绘制

(4)利用直线、圆、移动命令绘制篮筐和篮球架投影。绘制 Y 轴方向长为 1 500 的直线，利用移动命令，捕捉其中点，将其移动到距离 AB 边中点右侧 1 245 的位置，为篮球架的投影。捕捉球架投影的中心，画长度为 100 的篮筐连接处；之后，利用圆绘制命令绘制直径为 460 的篮筐。篮筐绘制命令如下：

```
命令：C
CIRCLE
指定圆的圆心或[三点(3P)/两点(2P)/切点、切点、半径(T)]：2P
指定圆直径的第一个端点：                 //篮筐连接处最右侧的点
指定圆直径的第二个端点：460              //正交打开，已知两点画圆
```

绘制后的图形如图 2-12 所示。

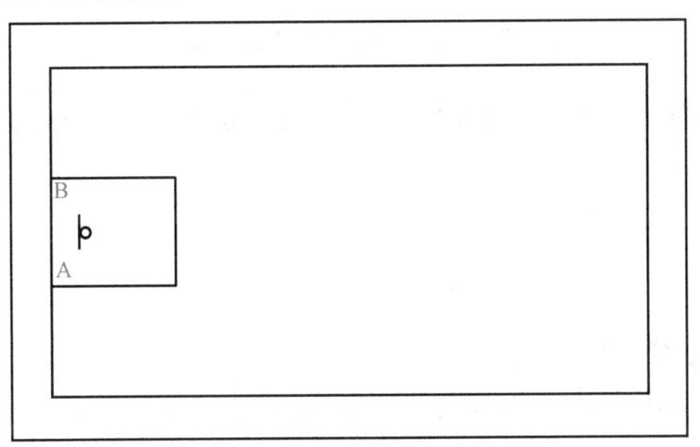

图 2-12　篮架和篮筐的投影

(5)利用弧和直线命令，绘制合理冲撞区。以篮筐中心点为圆心，绘制半径为 1 250 的圆弧。命令如下：

```
命令：_arc
圆弧创建方向：逆时针(按住 Ctrl 键可切换方向)         //逆时针方向为正
指定圆弧的起点或[圆心(C)]：_c 指定圆弧的圆心：
指定圆弧的起点：  <正交 开> 1250
指定圆弧的端点或[角度(A)/弦长(L)]：                 //角度为 90
```

然后分别捕捉圆弧的端点，向 X 轴反向绘制长为 375 的直线。绘制结果如图 2-13 所示。

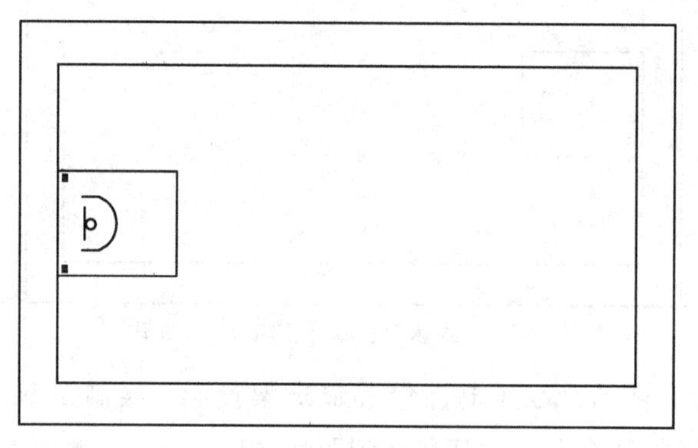

图 2-13　合理冲撞区圆弧的绘制

(6)同样的步骤用圆弧命令三分线，以篮筐中心点为圆心，绘制半径为 6 750 的半圆弧；利用直线、追踪命令捕捉到距离内框线左上点 Y 轴负向 900 为起始位置，绘制值为 2 990 的 X 轴正向直线，会于圆弧相交。绘制结果如图 2-14 所示。

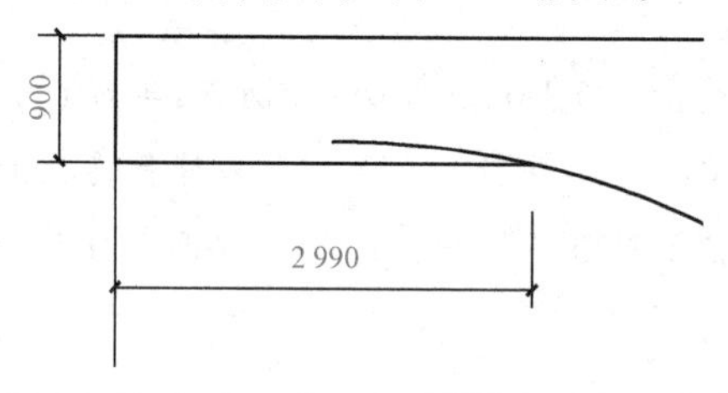

图 2-14　三分线和直线相交

执行 FILLET(F)命令，如图 2-15 所示。修剪掉圆弧多余的线条。另一侧的绘制方向相同。

```
命令：F
FILLET
当前设置:模式=修剪,半径=0.0000
选择第一个对象或[放弃(U)/多段线(P)/半径(R)/修剪(T)/多个(M)]:
选择第二个对象,或按住 Shift 键选择对象以应用角点或[半径(R)]:
```

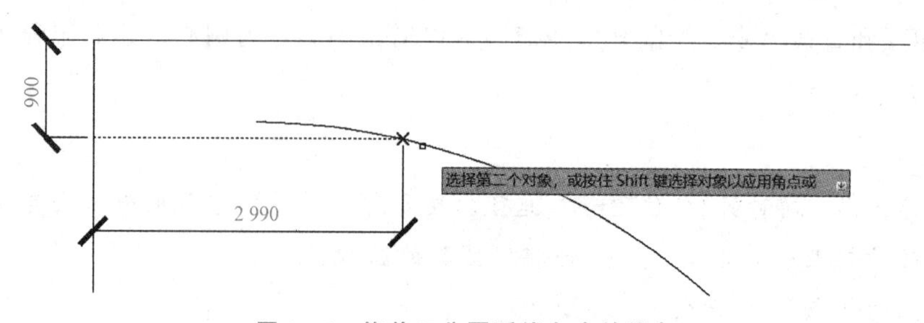

图 2-15　修剪三分圆弧线多余的线条

(7)其他位置的圆弧绘制不再讲解。捕捉篮球场内框线中点，绘制出篮球场中场分割线，捕捉其中点，绘制半径为 1 800 的圆。绘制圆的命令如下：

```
命令: _circle
指定圆的圆心或[三点(3P)/两点(2P)/切点、切点、半径(T)]:
指定圆的半径或[直径(D)]: 1800
```

绘制之后的图形如图 2-16 所示。

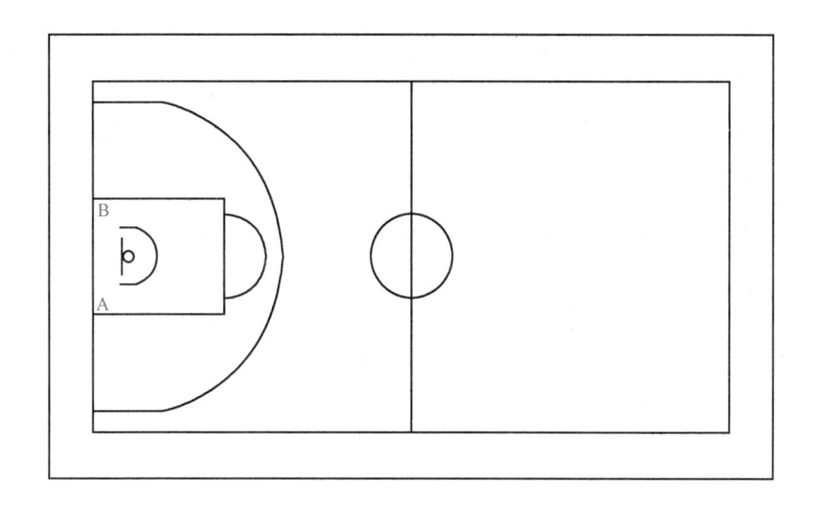

图 2-16　1/2 篮球场绘制效果

(8)镜像。选中要镜像的图形，执行镜像命令，命令提示如下：

```
命令:_mirror 找到 13 个
指定镜像线的第一点: 指定镜像线的第二点:                //中场分割线
要删除源对象吗? [是(Y)/否(N)]<N> : N
```

篮球场绘制完成。

课后任务

完成足球场的绘制，如图 2-17 所示。

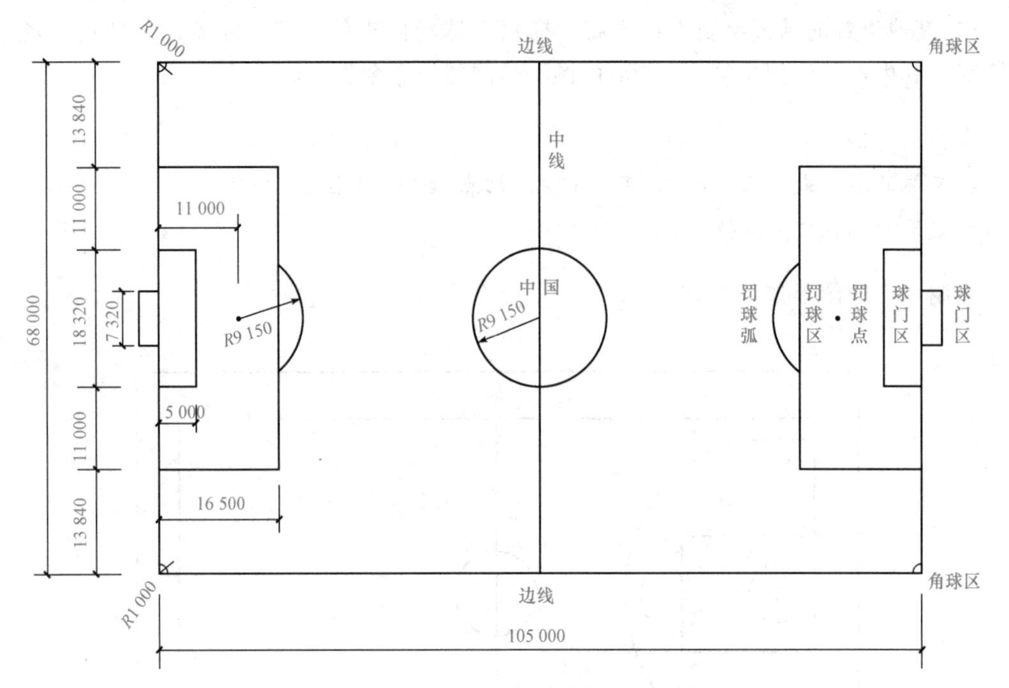

图 2-17　标准足球场平面图

任务 3　五角星的绘制

绘制任务

绘制五角星，如图 2-18 所示。

图 2-18　五角星

知识目标

1. 掌握多边形的绘制方法；
2. 掌握旋转、分解等命令的使用方法；
3. 掌握填充命令的使用方法。

能力目标

能够掌握五角星的绘制方法，并能综合应用绘图和修改命令。

素养目标

培养学生的爱国情怀和奉献精神，将爱国之情内化于心，坚定理想与信念。

3.1 多边形

多边形可以创建等边闭合多段线，可以指定多边形的各种参数，包含边数。

注意： 内接和外切选项的差别，也就是说创建的多边形是内接某个圆还是外切某个圆。

常用的绘制多边形的途径如下：

(1)单击“默认”选项卡“绘图”面板中的“多边形”按钮，如图 2-19 所示。

(2)在命令行窗口输入“POLYLINE”(POL)，按 Enter 键执行命令。

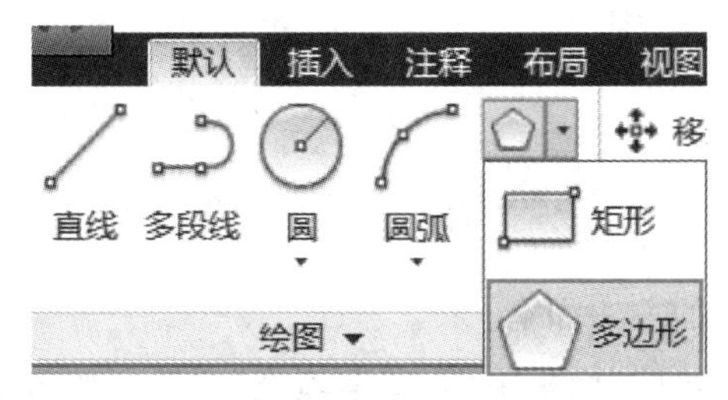

图 2-19 “多边形”按钮

3.2 旋转命令

可以围绕基点将选定的对象旋转到一个绝对的角度。

常用激活旋转命令的方法如下：

(1)单击“默认”选项卡“修改”面板中的“旋转”按钮，如图 2-20 所示。

(2)在命令行窗口输入“ROTATE”(RO)，按 Enter 键执行命令。

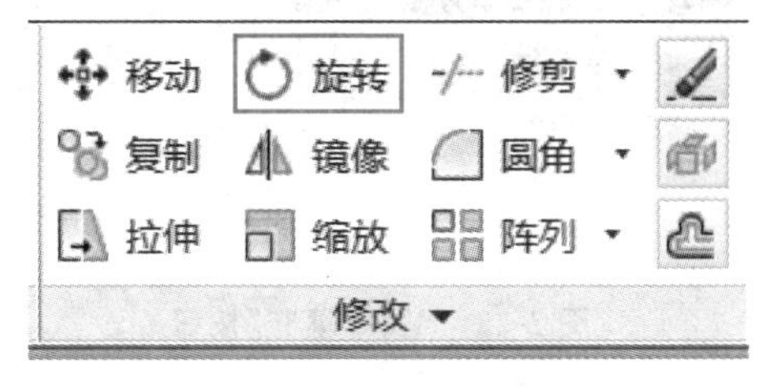

图 2-20 “旋转”按钮

3.3 分解命令

在希望单独修改复合对象的部件时，可以将复合对象分解为其部件对象。可以分解的对象包括块、多段线及面域等。例如，一个矩形可以被分解为 4 条直线。

常用激活分解命令的方法如下：

(1)单击“默认”选项卡“修改”面板中的“分解”按钮，如图 2-21 所示。

(2)在命令行窗口输入“EXPLODE”(X)，按 Enter 键执行命令。

图 2-21 “分解”按钮

3.4 图案填充命令

(1)常用图案填充命令的方法如下。

1)单击“默认”选项卡“绘图”面板中的“图案填充”按钮，如图 2-22 所示。

2)在命令窗口输入填充命令“HATCH”(H)，按 Enter 键执行命令。

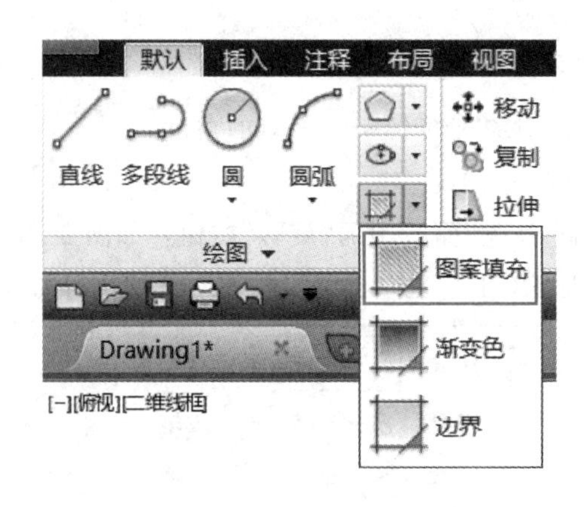

图 2-22 “图案填充”按钮

执行“图案填充”命令后，弹出“图案填充创建”菜单上下文选项卡，如图 2-23 所示。

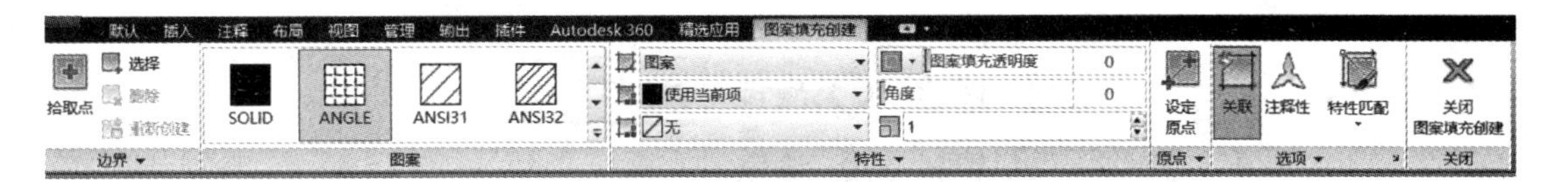

图 2-23 “图案填充创建”面板

说明：AutoCAD 2014 中应用“图案填充”命令时，对填充区域的基本要求有如下 3 条：

①区域边界必须封闭。

②边界上不应有多余的线条。

③区域边界应在同一平面上。

(2)图案填充的步骤如下：

1)设置填充的图案。

2)设置角度和比例。

①角度：图案填充的角度。

②比例：图案填充的密集程度。

为使填充的图案美观，经常需要调整图案比例。本案例角度为 0，填充比例为 10，可以根据需要自行调整。

(3)选择填充区域。选择好填充图案后，需要选择填充的区域，AutoCAD 2014 提供两种方式选择填充区域，如图 2-24 所示。

1)拾取点通过单击闭合区域内的任一点选择填充区域，这种方式是以包含该点在内的最近闭合区域作为填充区域。

2)选择对象：通过选择对象的方式确定填充区域。当填充区域由几个简单对象组成时可以采用这种方式。

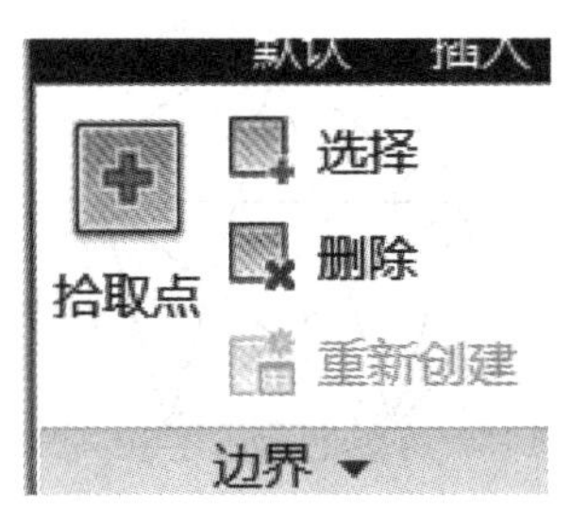

图 2-24 填充区域选择

选好要填充的区域，按空格键，填充完毕。

3.5 修剪命令

常用的修剪命令激活的方法如下：

(1)单击“默认”选项卡“修改”面板中的“修剪”按钮，如图 2-25 所示。

(2)在命令窗口输入修剪命令“trim”。

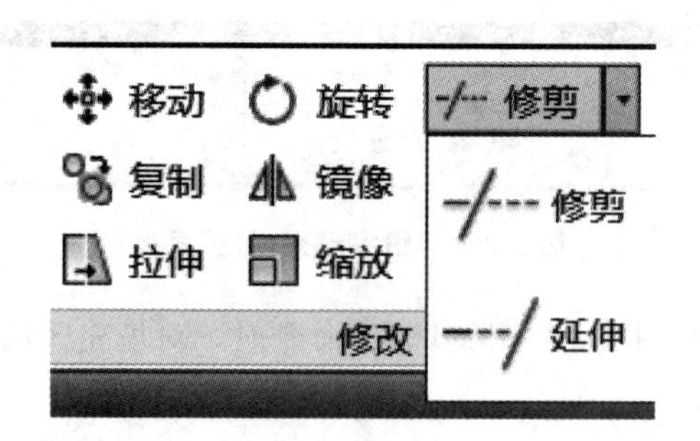

图 2-25 “修剪”按钮

相互交叉的对象，修剪对象以适合其他对象的边。

3.6 五角星的绘制步骤

(1)绘制半径为 2 400 mm 的圆，执行多边形绘制命令，输入多边形边数为 5 条，选择圆心为多边形的中心，绘制内接于圆的正五边形，命令行提示信息如下：

```
命令:_ polygon 输入侧面数<4> :5
指定正多边形的中心点或[边(E)]:
输入选项[内接于圆(I)/外切于圆(C)]<I> :I
指定圆的半径:2400
```

(2)执行直线 L 命令，连接五边形五个角点，连接顺序为 A—C—E—B—D，如图 2-26 所示。

五角星绘制完成，将正五边形删除。

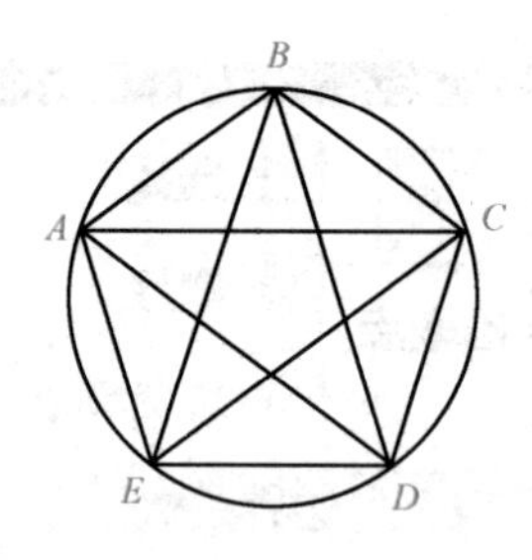

图 2-26 五角星点的绘制顺序

课后任务

绘制图 2-27 所示的图形。

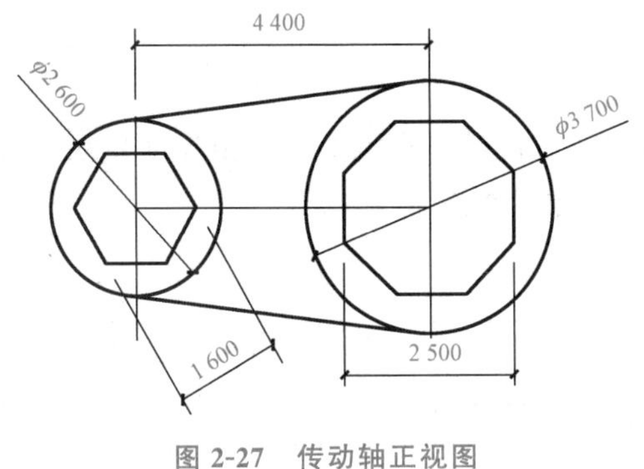

图 2-27　传动轴正视图

任务 4　篮球场的标注

绘制任务

进行篮球场的标注，如图 2-6 所示。

知识目标

1. 了解标注的组成及常用的类型；
2. 了解标注样式的设置。

能力目标

能够掌握标注样式设置的方法并能根据项目设置标注样式，并进行标注。

素养目标

培养学生精益求精的工匠精神。

在 AutoCAD 中绘图时，设计过程通常分为绘图、注释、查看和打印四个阶段。标注是一种通用的图形注释，可以显示对象的测量值，如直线的长度、圆的半径、矩形的边长、角度值等。

视频：标注的使用方法

4.1 标注要素

尺寸标注的要素与我国工程图绘制标准类似，由尺寸界线、尺寸线、箭头(建筑图形多用斜短线)和标注文字构成。如图 2-28 所示。

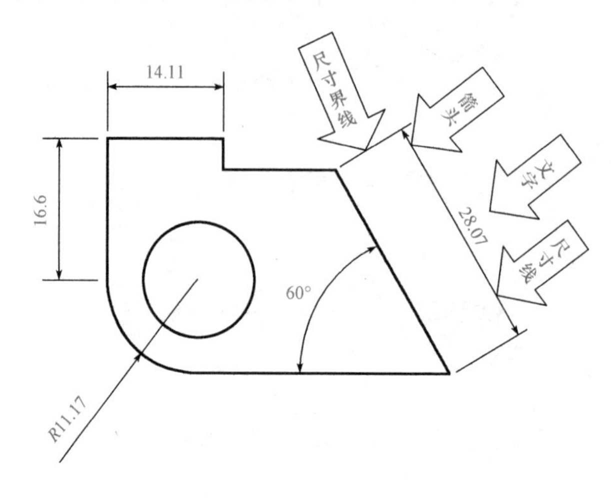

图 2-28　尺寸标注示例

说明：

(1)尺寸界线用细实线表示；通常情况下，尺寸界线垂直于尺寸线，并超出尺寸线 2 mm 左右；尺寸界线不宜与被标注的轮廓线相接，一般应有不小于 2 mm 的间隙。

(2)尺寸线用细实线表示；一般情况下，尺寸线不超出尺寸界线；尺寸线与被标注的轮廓线之间的距离及相互平行的尺寸线之间的距离一般应控制为 7～8 mm。

(3)箭头可以采用多种方式，如实心闭合、建筑标记等，具体采用的形式根据实际工程图的绘制要求确定；在建筑工程图中，箭头一般采用 45°倾斜的中短线(短斜线)；当相邻的尺寸界线间距较小时，可以采用小圆点代替斜短线。

建筑工程图中尺寸标注的大小反映被标注实体的尺寸，通常与绘图的比例尺寸无关；尺寸标注的大小除高度以米为单位外，其他部分均以毫米为单位，尺寸标注不需要注明单位；尺寸标注文字的高度一般控制在 3.5 mm；尽可能避免任何图形实体与尺寸文字相交，当不可避免时，必须将图形实体断开。

4.2 标注类型

常用的尺寸标注有线性标注、对齐标注、弧长标注、坐标标注、半径标注、折弯标注、直径标注、角度标注、快速标注、基线标注、连续标注、等距标注、公差标注、圆心标记等，如图 2-29 所示。

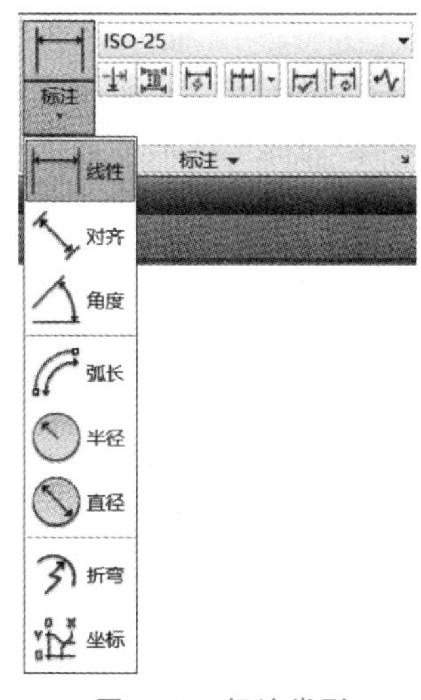

图 2-29　标注类型

1. 线性标注和对齐标注

线性标注和对齐标注都是用来标注对象的长度，且操作方法相同。线性标注用来标注对象的水平长度和竖向长度；对齐标注用来标注对象的实际长度，如图 2-30 所示。若对象处于水平方向或竖向，两者是相同的。

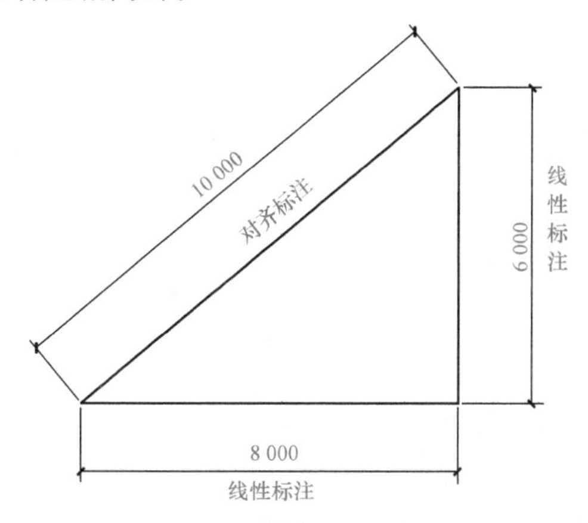

图 2-30　线性标注和对齐标注样例

(1)单击图 2-29 中的“线性”或“对齐”按钮；

(2)在命令窗口中输入线性标注命令“dimlinear”(Dli)或对齐标注命令“dimaligned”(dal)，按 Enter 键执行命令。

执行命令后单击要标注的直线的两个点，将标注放在合适的位置即可。

2. 直径标注、半径标注、弧长标注和折弯标注

直径标注、半径标注、弧长标注和折弯标注的对象都是圆或圆弧。直径标注、半径标注、弧长标注的操作方法相同，折弯标注也称为大半径标注。当弧线的半径很大时，圆心离弧线太远。若用半径标注，尺寸线会伸出图形界限之外，这时可采用折弯标注。

操作途径如下：

(1)单击图 2-29 中的“直径”或“半径”或“弧长”或“折弯”选项。

(2)在命令窗口输入直径标注命令“dimdiameter”或半径标注命令“dimradius”或弧长标注命令“dimarc”或折弯标注命令“dimjogged”。

3. 角度标注

角度标注操作的途径如下：

(1)单击图 2-29 中的“角度”选项。

(2)在命令窗口输入角度标注命令“Dimangular”(Dan)。

4. 基线标注

基线标注命令可以创建一系列由相同的标注原点测量出来的标注。各个尺寸标注具有相同的第一条尺寸界线。基线标注命令在使用前必须先创建一个线性标注、角度标注或坐标标注作为基准标注，如图 2-31 所示。

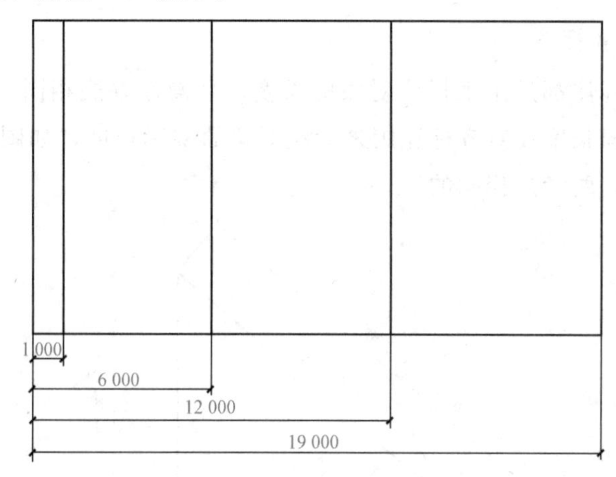

图 2-31　基线标注样例

基线标注命令各选项含义如下。

放弃(U)：表示取消前一次基线标注尺寸。

选择(S)：该选项可以重新选择基线标注的基准标注。

各个基线标注尺寸的尺寸线之间的间距可以在标注样式中设置，在“新建标注样式”对话框的“线”选项卡的“尺寸线”选项区域中，“基线间距”的值即为基线标注各尺寸线之间的间距值。

5. 连续标注

连续标注命令可以创建一系列端对端的尺寸标注，后一个尺寸标注把前一个尺寸标注的第二个尺寸界线作为它的第一个尺寸界线。与基线标注命令一样，连续标注命令在使用前也要先创建一个线性标注、角度标注或坐标标注作为基准标注。如图 2-32 所示。

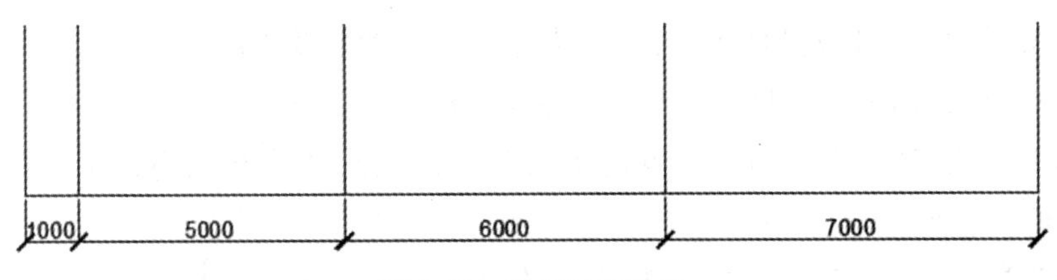

图 2-32　连续标注样例

4.3 设置标注样式

标注样式是标注设置的命名集合，用于控制标注的外观。用户可以创建标注样式，以快速指定标注的格式，并确保标注符合标准。常用的设置标注样式的方法如下：

(1)单击“注释”选项卡“标注”面板右下角倾斜的箭头，如图 2-33 所示。

图 2-33　“标注”面板

(2)在命令窗口输入 D，按空格执行。

上述两种方法执行后，均能弹出“标注样式管理器”对话框，如图 2-34 所示。

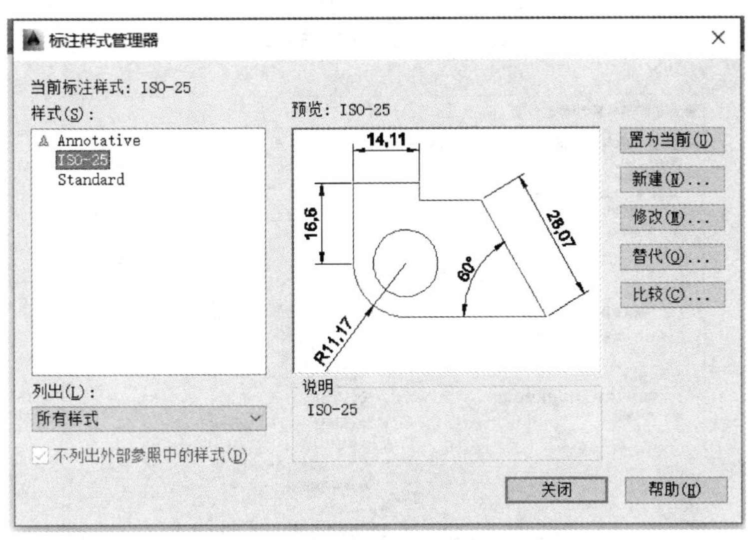

图 2-34　“标注样式管理器”对话框

单击“新建”按钮，弹出“创建新标注样式”对话框，在“新样式名”文本框中输入“篮球场标注”，如图 2-35 所示，单击“继续”按钮，弹出“新建标注样式：篮球场标注”对话框，如图 2-36 所示。“新建标注样式：篮球场标注”对话框中包含“线”“符号和箭头”“文字”“调整”

“主单位”“换算单位”和“公差”七个选项卡。各选项卡的功能及作用如下。

1)“线”选项卡：用来设置尺寸线及尺寸界线的格式和位置。

2)“符号和箭头”选项卡：用来设置箭头及圆心标记的样式和大小、弧长符号的样式、半径折弯角度等参数。

3)“文字”选项卡：用来设置文字的外观、位置、对齐方式等参数。

4)“调整”选项卡：用来设置标注特征比例、文字位置等，还可以根据尺寸界线的距离设置文字和箭头的位置。

5)“主单位”选项卡：用来设置主单位的格式和精度。

6)“换算单位”选项卡：用来设置换算单位格式和精度。

7)“公差”选项卡：用来设置公差格式。

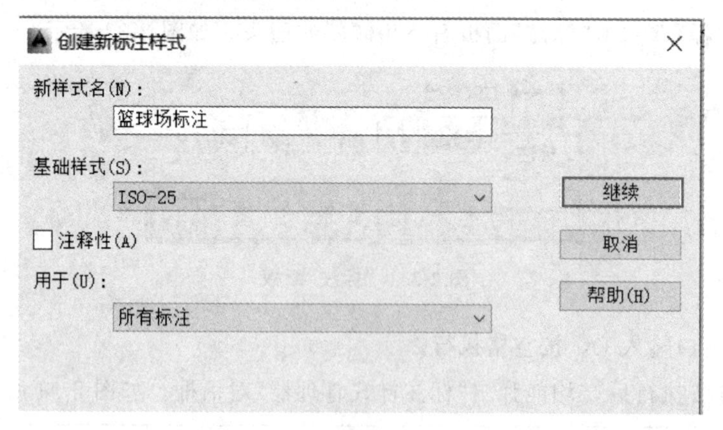

图 2-35　创建新标注样式

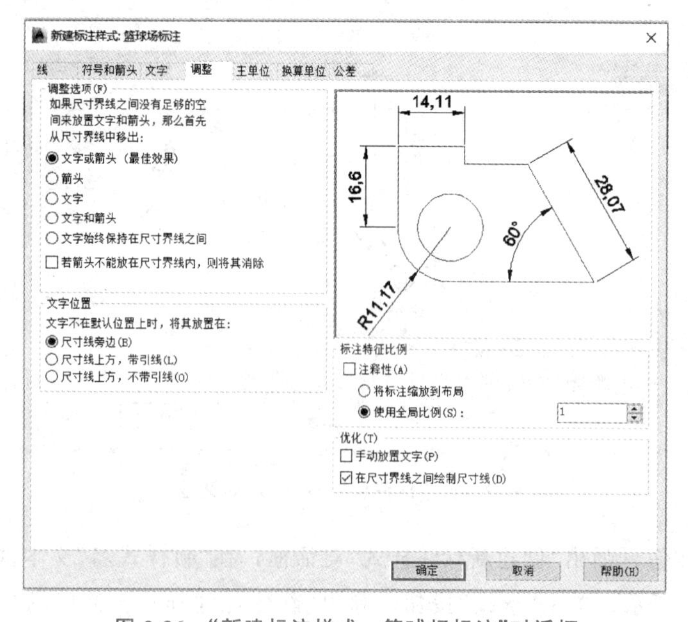

图 2-36　“新建标注样式：篮球场标注”对话框

根据实际情况，设置篮球场的标注样式：

1)单击“符号和箭头”选项卡，在“箭头”选项组中，将箭头的格式设置为“建筑标记”，箭头大小设为300。

2)单击“文字”选项卡，将“文字高度”文本框设置为300。

3)单击“调整”选项卡，在“文字位置”选项组中，选择“尺寸线上方，带引线”单选按钮。

4)单击“主单位”选项卡，将“线性标注”选项组的“单位格式”设置为“小数”，“精度”设置为“0”。

5)可根据实际需要设置尺寸界限等相关数值，单击“确定”按钮，返回“标注样式管理器”对话框，将设置好的篮球场标注置为当前。单击“关闭”按钮，完成“篮球场”标注样式的设置。

4.4 标注篮球场

利用线性标注、连续标注、半径标注对绘制好的篮球场进行标注。本项目任务4中有相关配套资源，会讲解操作步骤。具体如下：

(1)打开篮球场图形文件，设置篮球场标注样式，将设置好的标注样式置为当前，执行线性标注，捕捉篮球场外框要标注的左侧两点(不在同一水平面的两个点要将其追踪捕捉到同一水平面)，拖曳到合适位置放置标注。

(2)执行连续标注，将篮球场外框相关尺寸标注完成。

(3)执行半径标注，将圆、圆弧的半径标注在合适位置。

完成篮球场的标注。

课后任务

完成前边任务中绘制图形的尺寸标注，包括：鲁班锁、篮球场、五角星等。

任务5 窗块的绘制

绘制任务

绘制图2-37所示的窗块。

视频：窗块的绘制

知识目标

1. 了解块的概念及分类；
2. 了解块的生成及使用。

能力目标

能够熟练进行块的定义并灵活应用。

素养目标

培养学生严谨认真的绘图习惯。

5.1 块的定义

普通块是指只包含固定图形对象的块，如门窗等块都是由一些固定的直线和曲线构成的，属于普通块(以下简称块)。块是一个或多个对象形成的对象集合，可以把这个对象集合看成是单一的对象。用户可以在图形中插入块或对块执行比例缩放、旋转等操作。由于块是一个整体，用户无法修改块中的对象，如须修改，可以先将块分解为独立的对象，然后再进行操作。

1. 块的创建

常用的创建块的方法如下：

(1)单击“块”面板中的“创建”按钮，如图 2-37 所示。

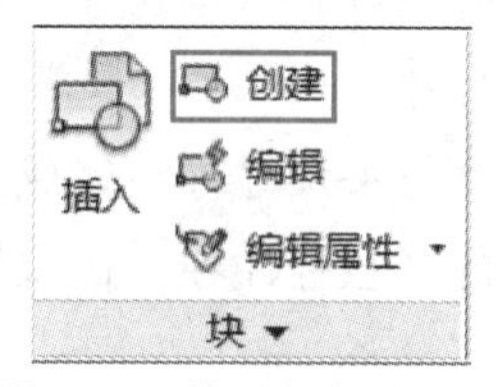

图 2-37　块面板创建按钮

(2)在命令行中输入“BLOCK”(B)按空格键或 Enter 键。

执行“创建块”命令后将弹出“块定义”对话框，如图 2-38 所示。

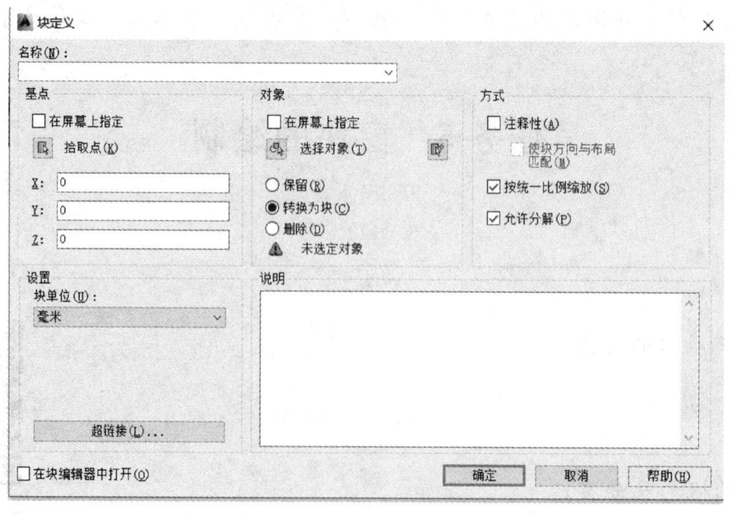

图 2-38　“块定义”对话框

如果要创建块，必须指定块名、块中对象和块插入点。

说明：

1)基点：创建块的过程中需要指定的点，它在插入时作为参考点，该点通常设置在块将来插入时与已有图形相关的点上。

2)“对象”选项组说明：

①保留：另外创建一个块，原图形不发生变化。

②转换为块：将原图形直接转换为块并保留。

③删除：将原图形直接转换为块并删除原图形。

3)“方式”选项组说明：

①注释性：使块方向与图纸方向匹配。

②按统一比例缩放：在插入该块时，可以输入块的缩放比例。

③允许分解：设置是否允许将块分解为单个对象。若勾选此项，将块插入到绘图区域后，可用“分解”命令将该块分解为一个个单个对象。

2. 写块(外部块)

按上述方法创建块后，块并不能保存，只是一个临时文件，打开新的窗口后并不能插入在前一个窗口内创建的块，块只能在创建的窗口内使用。要想将创建的块保存并应用于其他的窗口，需要用到写块的命令“Wblock”(W)。执行写块命令后，弹出“写块”对话框，如图 2-39 所示。点选“拾取点”选择对象，在“目标”选项组“文件名和路径”处选择要保持的路径并给块取名。完成上述操作后，一个名称为“新块”的块保存在指定的文件夹中，打开新的窗口后，使用插入块的命令，可以从该位置找到该块，从而可以将其插入绘图区域。

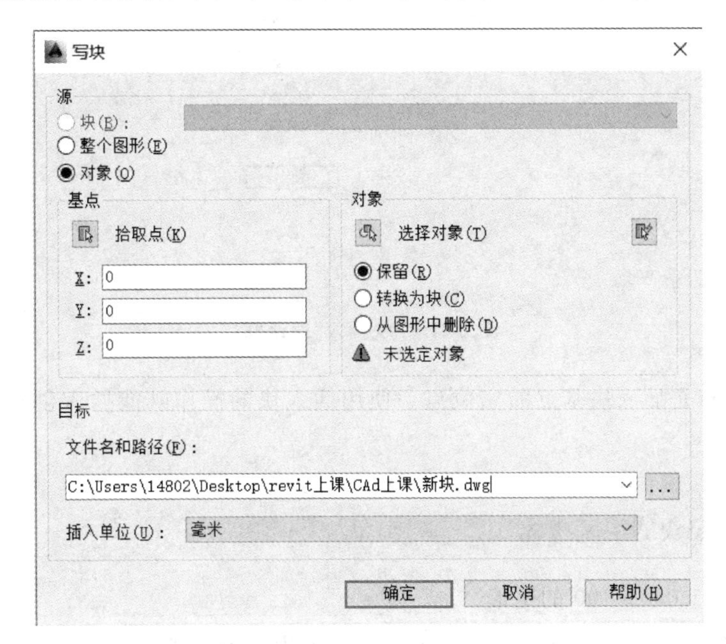

图 2-39 “写块”对话框

5.2 块的插入

当用户在图形中定义一个块后，无论块的复杂程度如何，AutoCAD 均将该块作为一个对象。常用的插入块方法如下：

(1)单击“块”面板中的“插入”按钮，如图 2-40 所示。

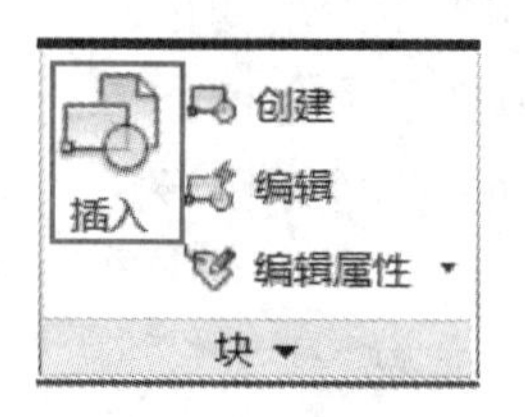

图 2-40　块面板插入按钮

(2)在命令行中输入“INSERT”(I)按空格键或 Enter 键。

执行插入块命令后将弹出块“插入”对话框，如图 2-41 所示。选择要插入块的名称，输入相应的比例。如果需要旋转，输入要旋转的角度。单击“确定”按钮，即完成块的插入。

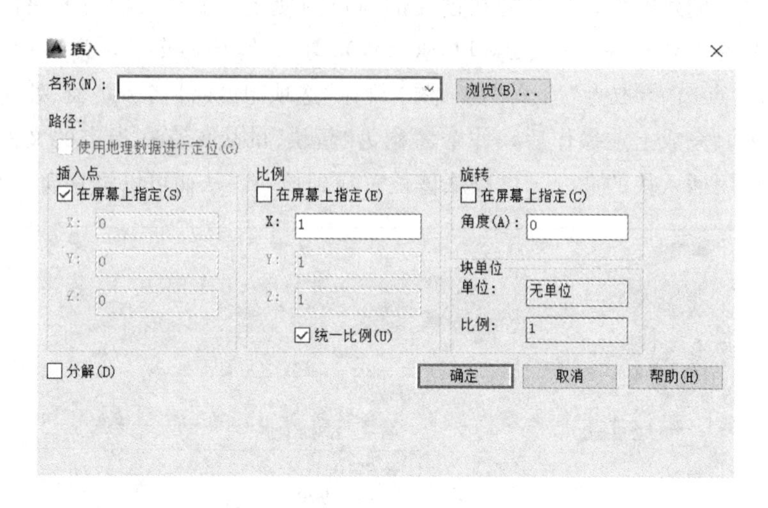

图 2-41　“块插入”对话框

说明：插入点是插入块基点的定位点。使用插入块的操作既能插入创建的块，也能插入写块。

5.3 平面图中窗块的绘制步骤

(1)绘制长度 1 000×100 的矩形。

(2)选择绘制好的矩形，用分解命令 X 将其分解为四条直线。

(3)选中 X 轴方向的上下直线分别向矩形内部偏移 30。如图 2-42 所示。

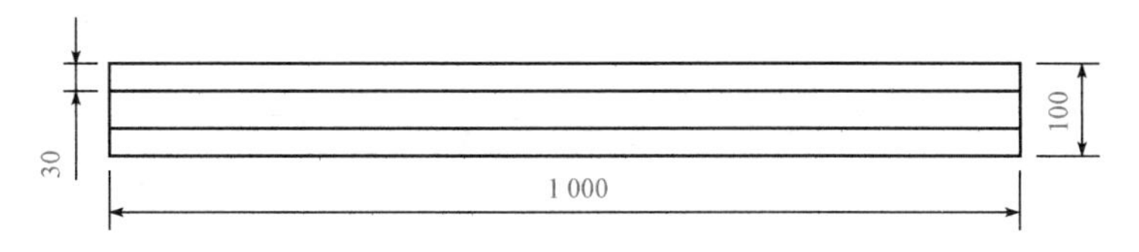

图 2-42　绘制完成窗的样式

(4)执行写块(W)命令，在“写块”对话框中，单击“基点”选项组的“拾取点”按钮，如图 2-43 所示。拾取窗户左下角作为插入基点，选择绘制完成的窗户作为对象，选择保存的路径，并给块起名为“窗块”，完成写块操作。在磁盘指定位置将生成窗块文件，可以使用块插入命令，将该块按某比例缩放或旋转应用到其他图形文件中。

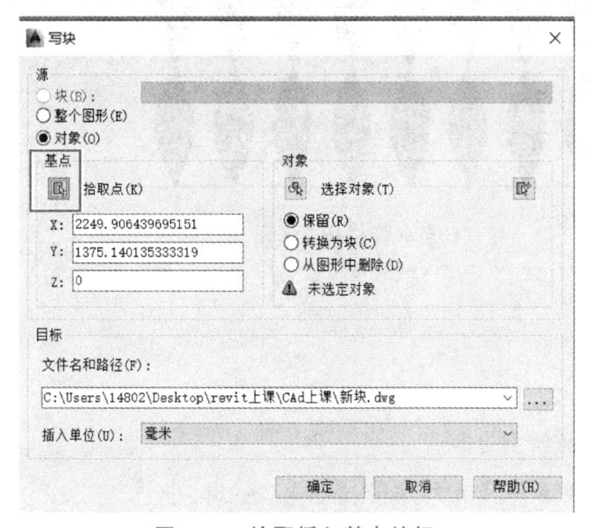

图 2-43　拾取插入基点按钮

课后任务

绘制门块(门的宽度可以设置为 1 000，即 $R=1\ 000$，方便进行门块的缩放)，如图 2-44 所示。

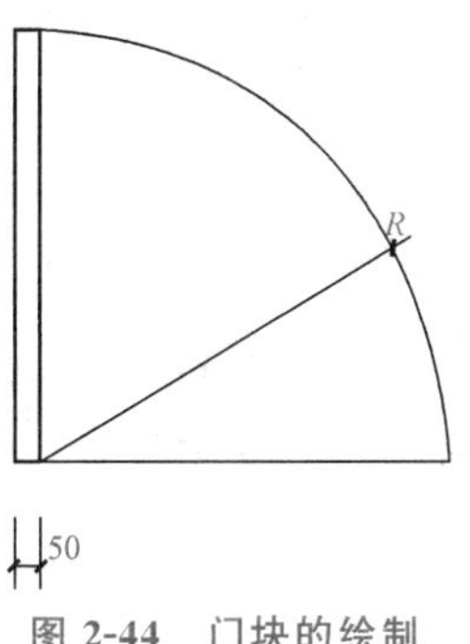

图 2-44　门块的绘制

任务 6　装饰栏杆的绘制

绘制任务

绘制装饰栏杆，如图 2-45 所示。

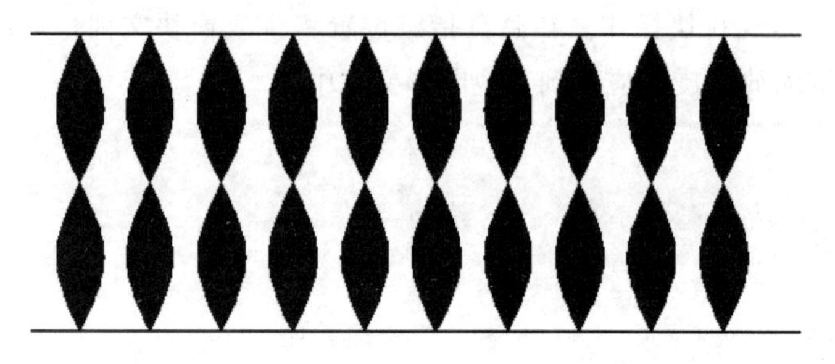

图 2-45　绘制任务装饰栏杆立面图

视频：装饰栏杆的绘制

知识目标

1. 了解栅格的应用；
2. 掌握样条曲线的绘制过程；
3. 了解定距等分和定数等分的应用。

能力目标

能够熟练进行样条曲线的绘制，并能够灵活应用定距等分、定数等分命令。

素养目标

培养学生的独立思考能力以及严谨、认真的绘图习惯。

6.1 栅格

“栅格”是指在绘图区域内显示水平方向等距离布置和垂直方向等距离布置的点阵图案。栅格就像一张坐标纸，默认情况下，栅格沿着 X 和 Y 方向上的距离均为 10 单位，如图 2-46 所示。单位可在“图形单位”对话框中设置，如图 2-47 所示。调出“图形单位”对话框的命令是 UNITS(UN)。

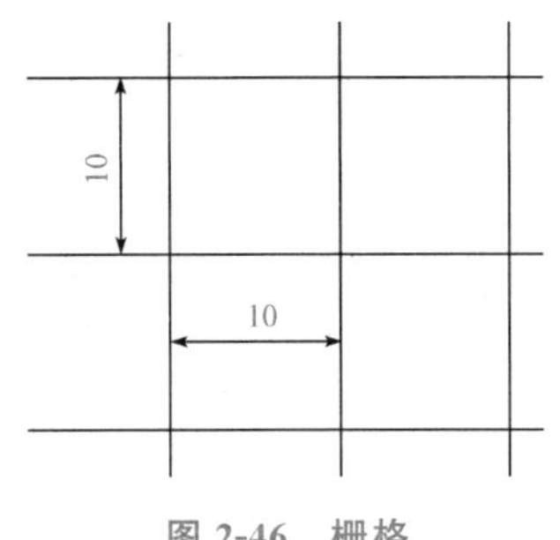

图 2-46　栅格

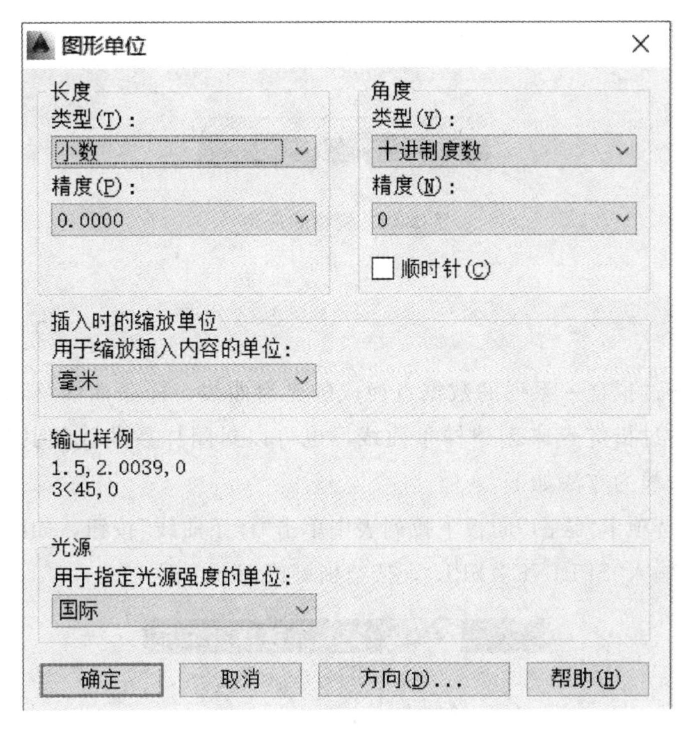

图 2-47　"图形单位"对话框

将捕捉和栅格功能同时打开，鼠标光标只能在栅格点上跳跃移动，即鼠标光标只能停留在栅格点上，而不会停留在其他位置。

由于栅格是等距离的点阵，在绘制图形的时候可通过拾取栅格点来确定 10 倍数点的距离。如绘制一个边长分别为 30、40、50 个单位的直角三角形，可利用"栅格"命令和"捕捉"命令来完成，如图 2-48 所示。

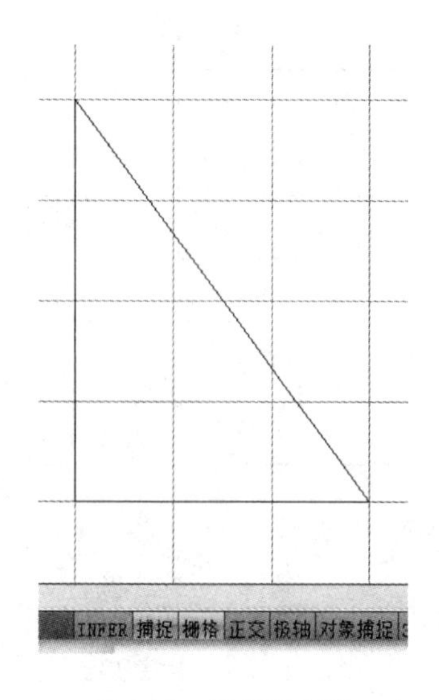

图 2-48 栅格的应用

6.2 样条曲线

样条曲线是通过拟合一系列的数据点而成的光滑曲线。样条曲线可以用来精确表示对象的造型，可以通过指定点来创建样条曲线，也可以封闭样条曲线使其起点和端点重合。常用的绘制样条曲线的方法如下：

(1)在“默认”选项卡“绘图”面板下拉列表中单击“样条曲线”按钮，如图 2-49 所示。

(2)命令行中输入“SPLINE”(SPL)，按空格键或 Enter 键。

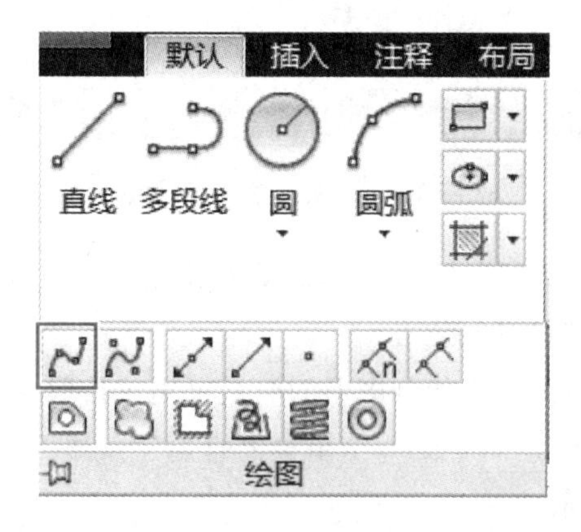

图 2-49 “样条曲线”按钮

除一般编辑操作外，系统还提供了专门对样条曲线进行编辑的命令 SPLINEDIT，在命令行中输入“SPLINEDIT”或“SPE”按空格键或 Enter 键，即可执行样条曲线编辑命令。

6.3 定距等分

定距等分是在对象上按指定间隔创建点或插入图块，绘制定距等分的方法如下：

(1)在“默认”选项卡“绘图”下拉列表中单击“定距等分”按钮，如图 2-50 所示。

(2)在命令行中输入“MEASURE”(ME)按空格键或 Enter 键。

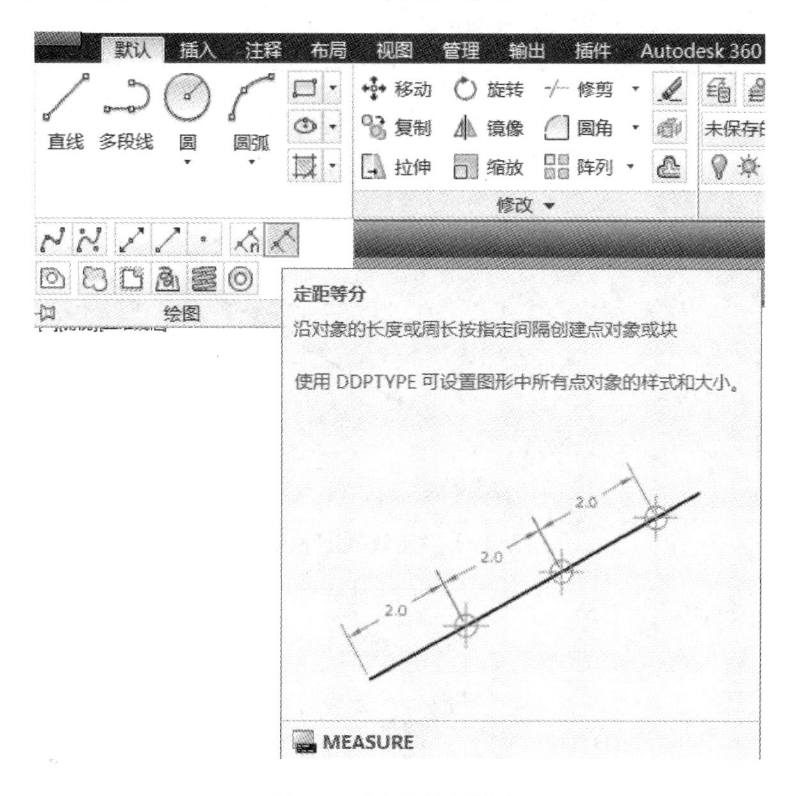

图 2-50 “定距等分”按钮

6.4 定数等分

定数等分是指将某个线段按规定段数平均分段，绘制定数等分的方法如下：

(1)在“默认”选项卡“绘图”面板下拉列表中单击“定数等分”按钮，如图 2-51 所示。

(2)在命令行中输入“DIVIDE”(DIV)按空格键或 Enter 键。

6.5 装饰栏杆的绘制步骤

(1)利用栅格捕捉点，执行样条曲线命令，捕捉一个栅格点作为起点 A，捕捉距离 A 点向左一个栅格、向下三个栅格 B 点，捕捉距离 B 点向右一个栅格、向下三个栅格的 C 点，捕捉距离 C 点向右一个栅格、向下三个栅格的 D 点，捕捉距离 D 点向左一个栅格、向下三个栅格的 E。绘制的样条曲线如图 2-52 所示。

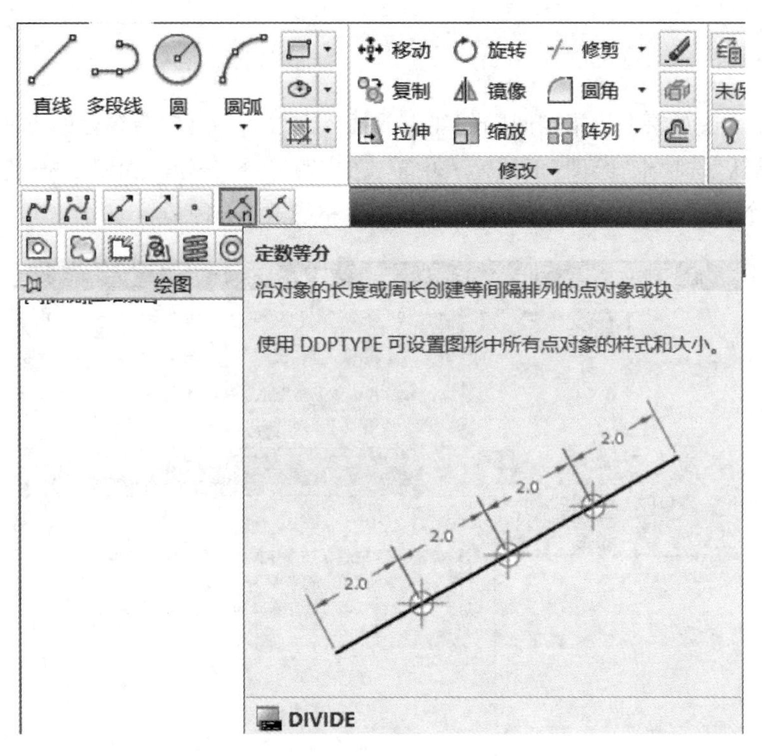

图 2-51 “定数等分”按钮

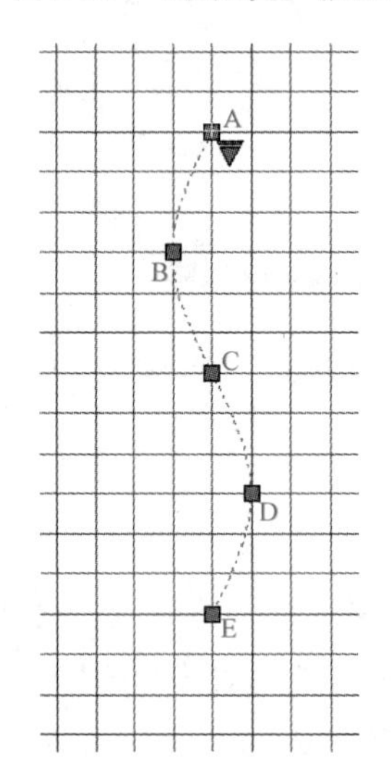

图 2-52 样条曲线的绘制

(2)以 AC 点为镜像轴，镜像绘制的样条曲线。选中要镜像的样条曲线，执行镜像命令，命令行提示如下：

命令：_mirror 找到 1 个　　//选中的样条曲线

指定镜像线的第一点：＜捕捉 开＞ 指定镜像线的第二点：//A 为镜像线第一点，C 为

镜像线第二点

要删除源对象吗？[是(Y)/否(N)]<N>：

绘制的结果如图 2-53 所示。

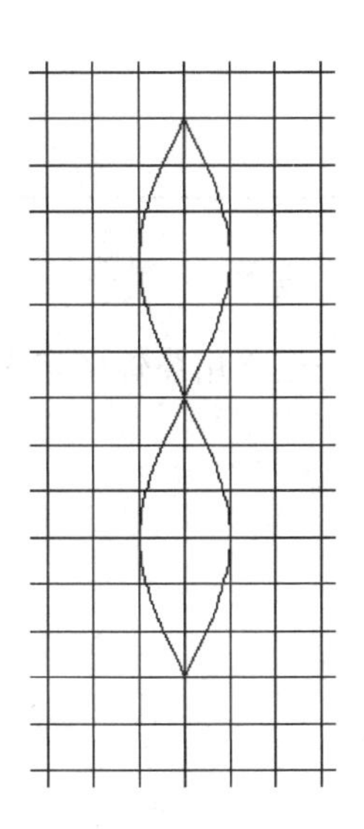

图 2-53　绘制完成的装饰栏杆曲线条

(3)执行填充命令，将其进行实心填充，填充效果如图 2-54 所示。

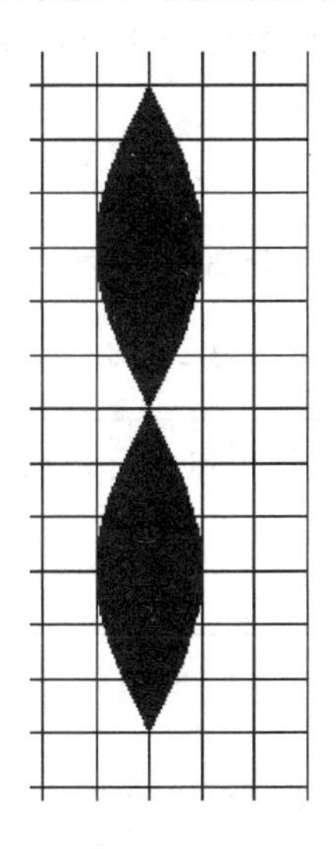

图 2-54　填充完成的样条曲线

(4)将绘制好的图形定义成块，块名为 ZS，样条曲线绘制时的起点 A 作为拾取点，选中填充完毕的装饰图案作为生成块的对象。

(5)用直线命令绘制长度为 320 的直线扶栏，将直线偏移 120，如图 2-55 所示。

图 2-55　绘制的扶栏

(6)用定距等分命令将扶栏每 3 个栅格用装饰图案等分。命令如下：

```
命令：_measure
选择要定距等分的对象：                          //图 2-55 上部的直线
指定线段长度或［块(B)］：B
输入要插入的块名：ZS                            //按 Enter 键执行命令
是否对齐块和对象？［是(Y)/否(N)］<Y>：
指定线段长度：30
```

定距等分后的效果如图 2-45 所示。

如果需要在头部和尾部插入相同的图案，可以用块写入命令 I 将块 ZS 插入。装饰栏杆绘制完成。定数等分的效果，可以仿照上述操作自行操作。

课后任务

应用定距等分命令完成图形绘制，如图 2-56 所示。

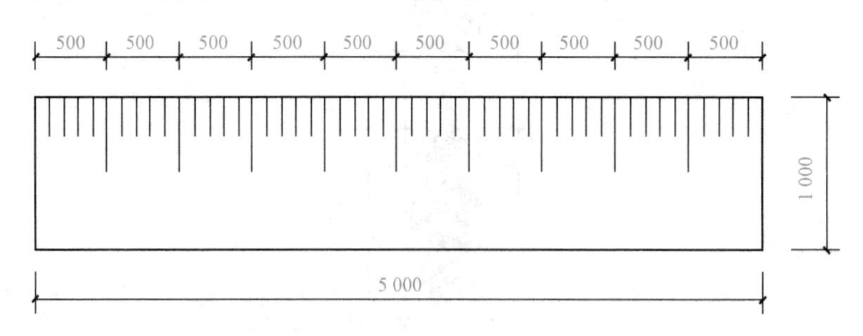

图 2-56　标尺的绘制

任务7　建筑符号的绘制

绘制任务

1. 绘制标高，如图 2-57 所示；
2. 绘制指北针，如图 2-58 所示。

视频：建筑符号的绘制

知识目标

1. 了解带属性的块的定义方法；
2. 掌握箭头的绘制过程。

能力目标

1. 能够熟练掌握标高的绘制方法及带属性的块的定义方法；
2. 能够熟练掌握指北针的绘制要点。

素养目标

培养学生严谨规范的作图意识。

7.1 标高符号的绘制

标高符号是由一个高度为 3 mm 的等腰直角三角形与一根长度适中的直线及标注数据 3 部分组成。建筑制图中的标高符号如图 2-57 所示。

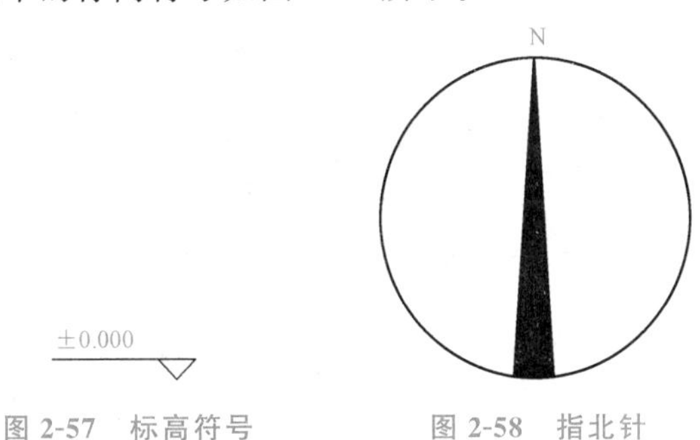

图 2-57　标高符号　　图 2-58　指北针

施工图中，往往有多种不同位置需要标注不同的标高。下面具体介绍怎样建立标高符号，并标注不同的标高值。绘制标高的步骤如下。

(1)绘制高度为 3 mm 的等腰直角三角形(如果绘图比例为 1∶100，就绘制 300 mm)。利用“直线”(L)命令，采用相对坐标绘制等腰直角三角形的两条直角边。命令如下：

命令:L　//按 Enter 键

LINE

指定第一点:(可在屏幕上任意制定一点)

指定下一点或“放弃(U)”:@3,-3

指定下一点或“放弃(U)”:@3,3

重复利用“直线”(L)命令,绘制用于标注标高数字的直线。

(2)定义带属性的块。执行菜单栏“绘图”→“块”→“定义属性…”命令，弹出块“属性定义”对话框，如图 2-59 所示。更改对话框设置，其中“标记”“提示”“默认”文本框的设置值与实际输入的标高值无关，只是起到提示作用；“标记”文本框输入“BG”，“提示”文本框输入“请输入标高的值”，“默认”文本框输入“%p0.000”，样式中选择合适的文字样式，如本例中的“标高数据”样式，高度为 3.5。确定设置后，将属性置于标高符号的合适位置。

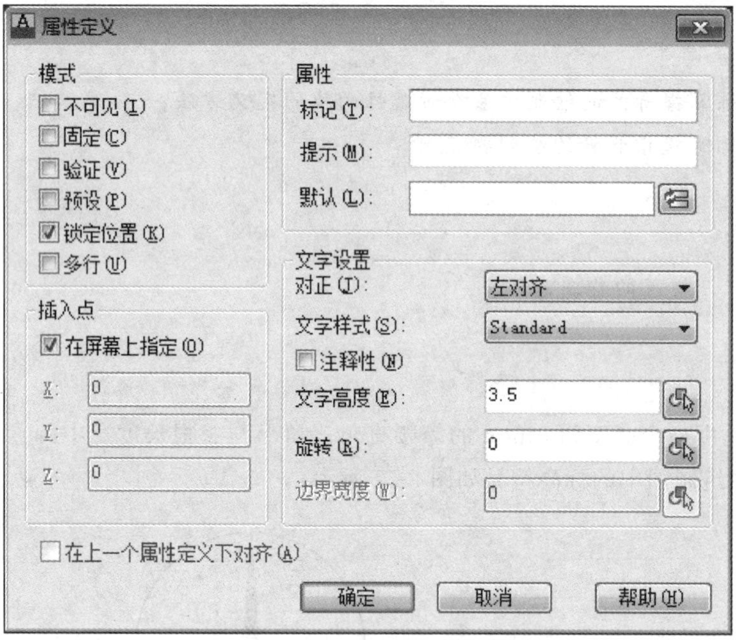

图 2-59　块“属性定义”对话框

输入“块”(B)命令，将符号及块属性创建成一个块，弹出“块定义”对话框，定义块的各项参数。此时，标高符号和块属性组成一个整体，且块属性由原来的标记 BG 自动变成默认值±0.000。

输入“插入块”(I)命令，弹出“插入”对话框，选择块名称，单击“确定”按钮。在屏幕上指定输入点，输入正确标高值，插入标高符号。

其他处的标高可以用插入块或复制命令进行生成，通过双击来更改标高的值。

7.2 多段线

多段线(PL)是由一条或多条直线段和圆弧段连接而成的一个单一对象。执行多段线操作的途径有以下两种:

(1)单击“默认”选项卡“绘图”面板中的“多段线”按钮,如图 2-60 所示。

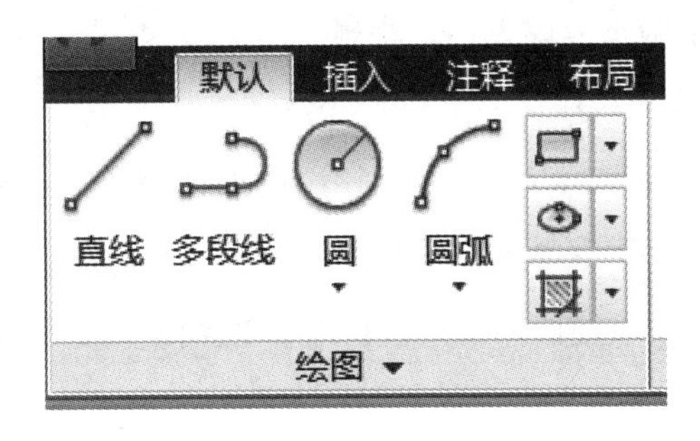

图 2-60 “多段线”按钮

(2)在命令窗口输入多段线命令“Pline”(PL)。命令行提示信息如下:

```
命令: _pline
指定起点:
当前线宽为 0.0000
指定下一个点或[圆弧(A)/半宽(H)/长度(L)/放弃(U)/宽度(W)]:
指定下一点或[圆弧(A)/闭合(C)/半宽(H)/长度(L)/放弃(U)/宽度(W)]:
```

多段线的绘制方法同直线相同,但多段线可以绘制圆弧,在绘制直线的过程中输入“A”(a)可以切换到面圆弧方式,同样可以在绘制圆弧的过程中输入“L”(l)切换到面直线方式。无论绘制多少条直线和多少个圆弧,多段线都是单独的一个对象。

关于各选项的说明如下:

1)圆弧(A):表示输入 A,可以将面直线方式切换为面圆弧方式。

2)闭合(C):表示输入 C,直接闭合多段线,结束命令。

3)半宽(H):表示输入 H,可以调整多段线的线宽,输入的值为宽度的一半。

4)长度(L):表示输入 L,指定直线度的长度。

5)放弃(U):表示输入 U,放弃上一次的操作。

6)宽度(W):表示输入 W,指定多段线的宽度。

7.3 指北针的绘制

指北针符号是由直径为 24 mm(用细实线绘制)的圆和一个端部宽度为 3 mm 的箭头组成，指针头部应注明“北”或“N”字样，如图 2-58 所示。需用较大直径绘制指北针时，指针尾部宽度宜为直径的 1/8。绘制时箭头可采用多段线(pl)命令，设置起点宽度为 0，端点宽度为 3，分别捕捉圆的上下两个象限点进行绘制。绘制步骤如下。

(1)绘制直径 24 mm 的圆，命令如下：

```
命令：_circle 指定圆的圆心或[三点(3P)/两点(2P)/相切、相切、半径(T)]:
指定圆的半径或[直径(D)]: d 指定圆的直径: 24
```

(2)在对象捕捉中打开象限点捕捉模式，利用 pl 线绘制箭头，命令如下：

```
命令: pl PLINE
指定起点:                              // 捕捉圆的上象限点
当前线宽为 0.0000
指定下一个点或[圆弧(A)/半宽(H)/长度(L)/放弃(U)/宽度(W)]: w
指定起点宽度 <0.0000> :
指定端点宽度 <0.0000> : 3
指定下一个点或[圆弧(A)/半宽(H)/长度(L)/放弃(U)/宽度(W)]:
```

(3)用单行文本输入 N，用移动命令将其放到合适的位置。指北针绘制完毕。

(4)将其定义为外部块，以文档形式保存，方便插入到需要的文档中。在命令窗口输入 WBLOCK，弹出写块对话框。添加拾取点，选择绘制的指北针为对象，指定文件名和路径，生成外部块。

注意：创建外部块文件时，必须指定文件保存路径。其他文件插入该块时，必须指定相应的路径，才能准确插入图块。

课后任务

定位轴号的绘制，如图 2-61 所示。

定位轴线编号中的圆为细实线，直径为 8～10 mm(详图上 10 mm)；提示：定义其为带属性的块，可以被所有文件写入。

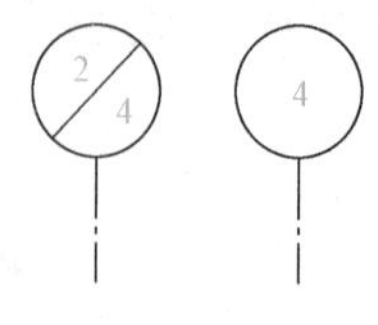

图 2-61 定位轴号

任务 8　长方形餐桌椅的绘制

绘制任务

绘制长方形餐桌椅，如图 2-62 所示。

视频：长方形桌椅的绘制

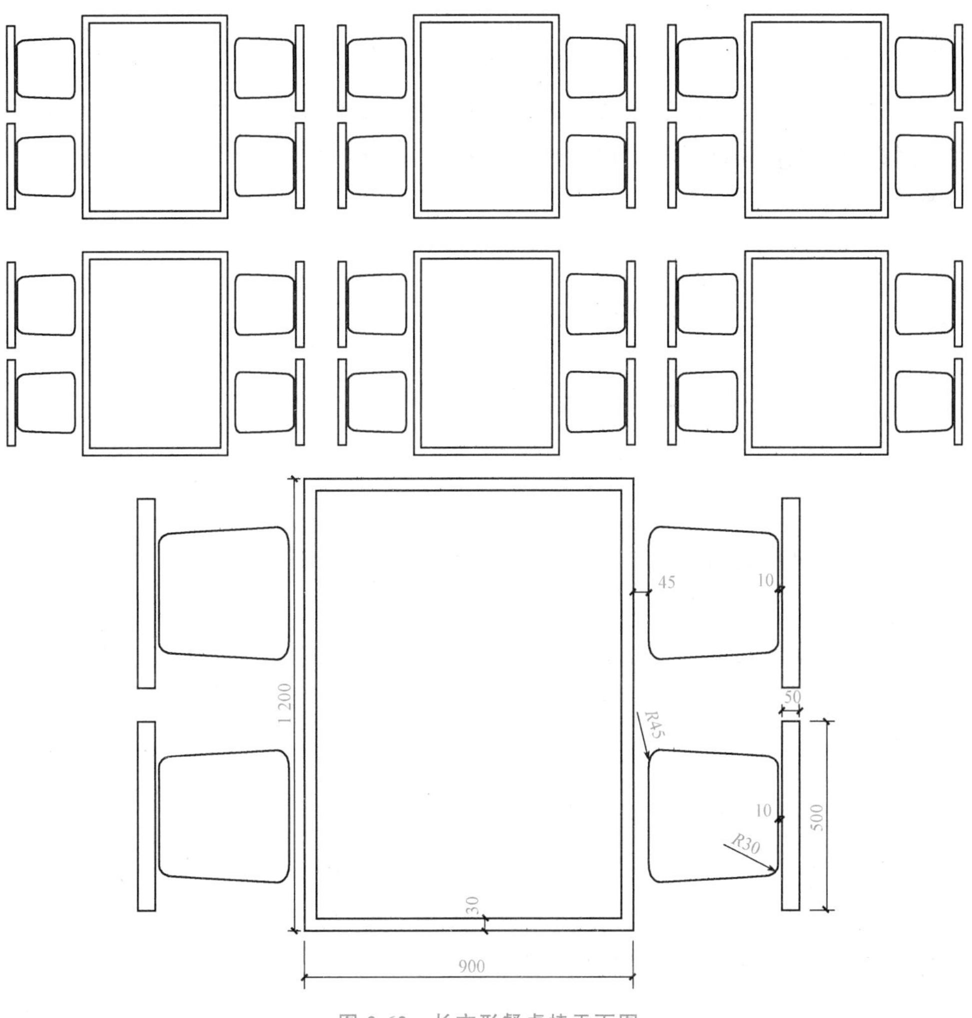

图 2-62　长方形餐桌椅平面图

知识目标

1. 掌握圆角命令(fillet)的使用方法;
2. 掌握矩形阵列的绘制过程。

能力目标

1. 能够灵活运用圆角、矩阵、移动等命令进行图形的绘制;
2. 能够熟练掌握矩阵的绘制要点。

素养目标

培养学生严谨、认真的作图习惯及职业素质。

8.1 圆角

圆角是用指定半径的圆弧连接两个对象。创建的圆弧与选定的两条之间均相切。直线被修剪到圆弧的两端。要创建一个锐角转角，请输入零作为半径。圆角操作常用的途径有以下两种。

(1)单击“默认”选项卡“修改”面板中的“圆角”按钮，如图 2-63 所示。

图 2-63 “圆角”按钮

(2)在命令窗口输入圆角命令“Fillet”(F)。命令窗口提示信息如下:

命令: _fillet
当前设置: 模式 = 修剪,半径 = 0.0000
选择第一个对象或[放弃(U)/多段线(P)/半径(R)/修剪(T)/多个(M)]:
选择第二个对象,或按住 Shift 键选择对象以应用角点或[半径(R)]:

8.2 阵列

CAD 中提供了三种阵列命令，分别为矩形阵列、路径阵列和环形阵列。如图 2-64 所示。三种阵列命令均可通过“修改”面板中阵列下拉菜单对应的按钮或命令激活。

图 2-64　阵列的种类

(1)“矩形阵列”：是指按任意行、列和层级组合分布对象副本。创建选定对象副本的行和列阵列。

(2)“路径阵列”：是指沿整个路径或者部分路径平均分布对象副本。路径可以是直线、多段线、三维多段线、样条曲线、螺旋、圆弧、圆或椭圆。

(3)“环形阵列”：是指绕某个中心点或旋转轴形成的环形图案平均分布对象副本。通过围绕指点的中心点或旋转轴复制选定对象来创建阵列。

8.3 长方形餐桌椅的绘制步骤

1. 绘制椅子(圆角)

(1)分别绘制长宽为 400×400、300×300 的两个矩形。

(2)移动步骤(1)中绘制好的矩形，移动结果如图 2-65 所示，参照图 2-66 绘制相应的直线。

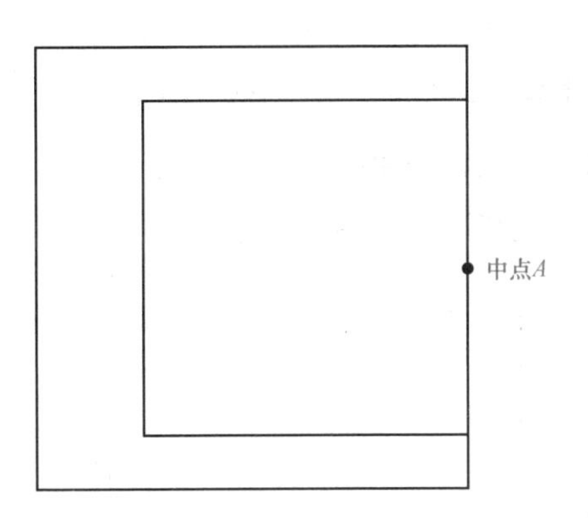

图 2-65　两个矩形移动后的效果

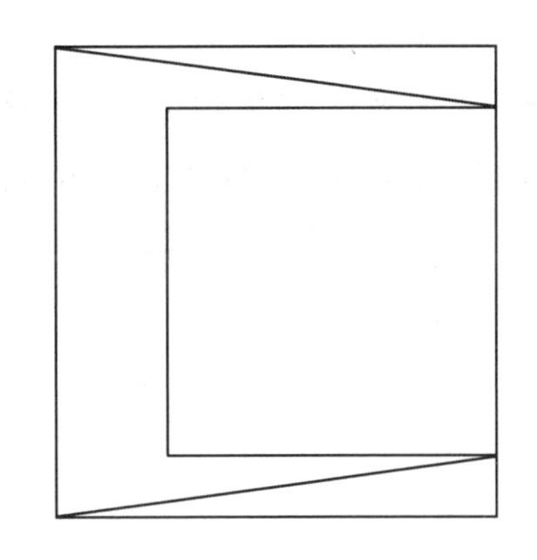

图 2-66　绘制两条斜线

(3)将步骤(1)中绘制的两个矩形分解，即分解(X)，分解命令如下：

命令：_explode
选择对象：找到 1 个
选择对象：找到 1 个,总计 2 个

说明：分解是将复合对象分解为其部件对象，如矩形可以分解为四条组成矩形的直线。在希望单独修改符合对象的部件时，可分解复合对象。可以分解的对象包括块、多段线及面域等。

(4)去掉多余的直线，如图 2-67 所示。

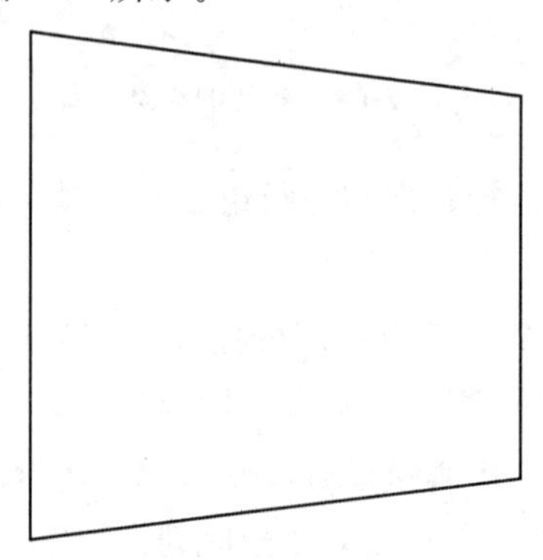

图 2-67　去掉多余的直线

(5)将图 2-66 中的图形进行倒圆角操作，命令如下：

命令：_fillet
当前设置：模式 = 修剪,半径 = 0.0000
选择第一个对象或[放弃(U)/多段线(P)/半径(R)/修剪(T)/多个(M)]：r
指定圆角半径< 0.0000> : 45
选择第一个对象或[放弃(U)/多段线(P)/半径(R)/修剪(T)/多个(M)]：
选择第二个对象,或按住 Shift 键选择对象以应用角点或[半径(R)]：

同理，将剩下两对直线倒半径为 30 的圆角。绘制结果如图 2-68 所示。

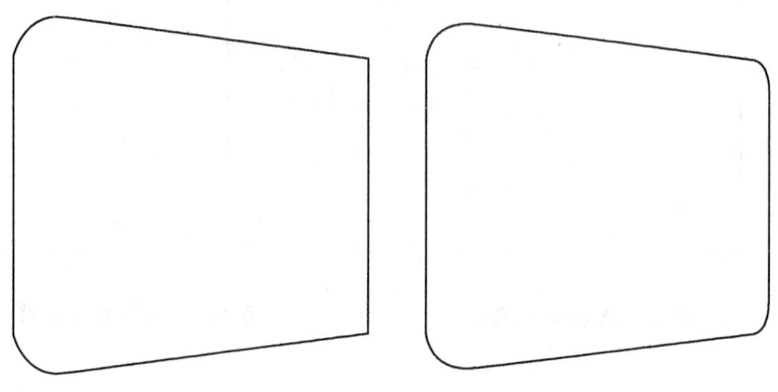

图 2-68　倒圆角

2. 绘制桌面和椅子靠背

绘制长宽为 50×500 的矩形作为靠背，绘制长宽为 900×1 200 的矩形，之后向内偏移 30 作为桌面，绘制桌面的命令如下：

命令：_rectang

指定第一个角点或[倒角(C)/标高(E)/圆角(F)/厚度(T)/宽度(W)]：

指定另一个角点或[面积(A)/尺寸(D)/旋转(R)]：@900,1200

命令：_offset

当前设置：删除源=否　图层=源　OFFSETGAPTYPE=0

指定偏移距离或[通过(T)/删除(E)/图层(L)]<30.0000>：30

选择要偏移的对象,或[退出(E)/放弃(U)]<退出>：

指定要偏移的那一侧上的点,或[退出(E)/多个(M)/放弃(U)]<退出>：

3. 单体餐桌椅的绘制

将绘制的椅子和桌子通过移动命令放置合适的位置，如图 2-69 所示。

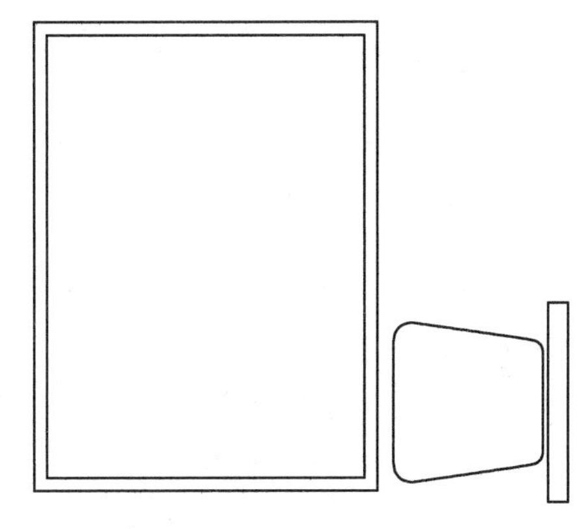

图 2-69　移动椅子到桌旁

4. 单套餐桌椅的绘制

通过镜像操作，完成单套餐桌椅的绘制。如图 2-70 所示。

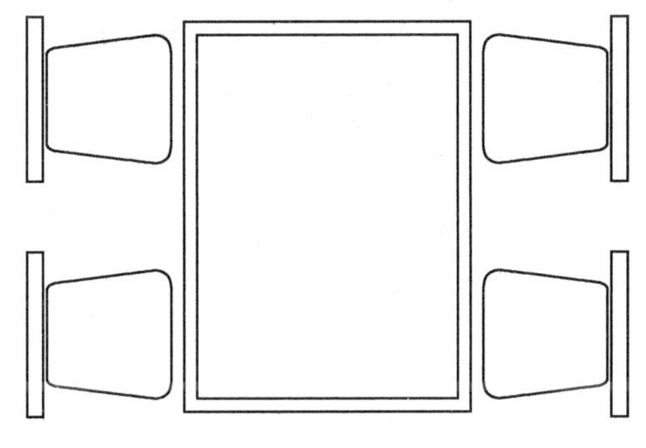

图 2-70　单体餐桌椅的绘制

5. 矩形阵列

通过对单体餐桌椅进行 2 行 3 列的矩形阵列，完成本项目的绘制，选择修改面板中阵列下拉菜单中的矩形阵列命令，命令窗口提示如下：

命令：_arrayrect

选择对象：指定对角点：找到 10 个

选择对象：

类型=矩形　关联=是

选择夹点以编辑阵列或［关联(AS)/基点(B)/计数(COU)/间距(S)/列数(COL)/行数(R)/层数(L)/退出(X)］<退出>：col

输入列数数或［表达式(E)］<4>：3

指定 列数 之间的距离或［总计(T)/表达式(E)］<2865>：3000

选择夹点以编辑阵列或［关联(AS)/基点(B)/计数(COU)/间距(S)/列数(COL)/行数(R)/层数(L)/退出(X)］<退出>：r

输入行数数或［表达式(E)］<3>：2

指定 行数 之间的距离或［总计(T)/表达式(E)］<1853.4176>：2000

长形餐桌椅绘制完毕，如图 2-62 所示。

课后任务

绘制环形餐桌椅，如图 2-71 所示。

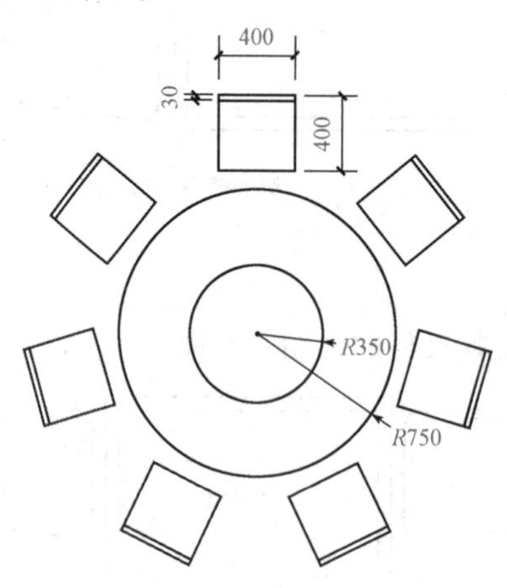

图 2-71　环形餐桌椅

任务 9　文字和表格

绘制任务

1. 绘制文字，如图 2-72 所示。

如果信念有颜色，那一定是中国红

图 2-72　绘制文字任务

视频：文字的绘制

2. 绘制表格，如图 2-73 所示。

门窗统计表			
序号	涉及编号	规格	数
1	M−1	1 300×200	4
2	M−2	1 000×2 100	30
3	C−1	2 400×1 700	10
4	C−2	1 800×1 700	40

图 2-73　门窗统计表

知识目标

1. 掌握文字样式、表格样式的设置方法；
2. 掌握单行文字和多行文字的绘制方法；
3. 掌握创建级编辑表格的方法。

能力目标

能够熟练进行文字和表格绘制。

素养目标

培养学生的民族自豪感，提升爱国主义情怀。

9.1 创建文字样式

在文字绘制前，要创建、修改或指定文字样式。可以指定当前文字样式以确定所有文字的外观。文字样式包含字体、字号、倾斜角度、方向和其他文字特征。常用的激活文字样式设置的方法有以下两种：

(1)单击“默认”选项卡“注释”面板下拉按钮，单击“文字样式”按钮，如图 2-74 所示。

图 2-74 “文字样式”按钮

(2)在命令窗口输入命令“STYLE(ST)”，按空格键或 Enter 键执行，弹出“文字样式”对话框。如图 2-75 所示。

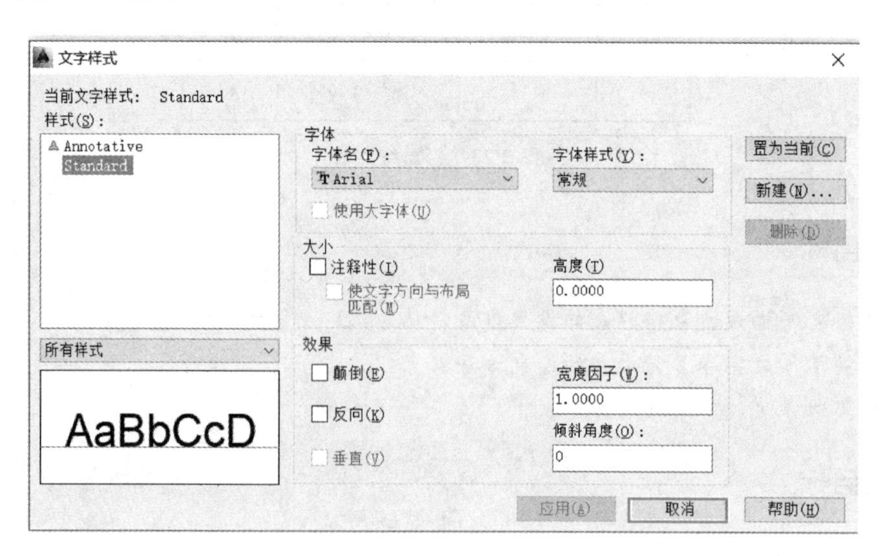

图 2-75 “文字样式”对话框

根据需要设置文字的样式，也可以单击“新建”按钮，新建文字样式。可以将设置好的文字样式置为当前。本案例新建汉字样式，将字体设为宋体，高度设为300，其他不变。将汉字样式设置为当前样式。如图2-76所示。

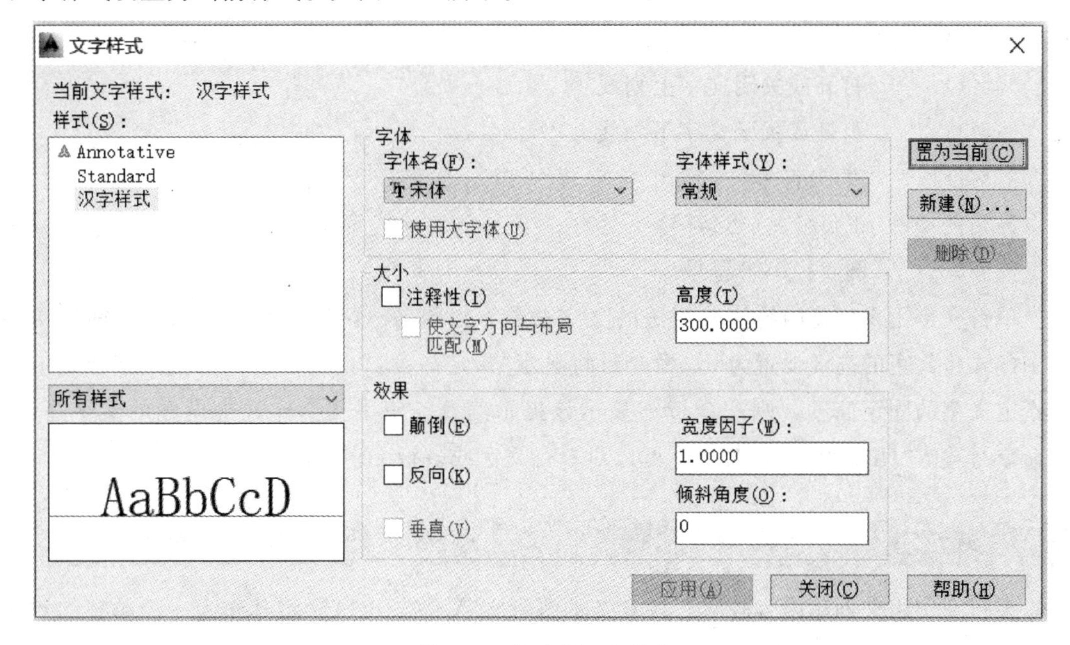

图 2-76　新建的汉字样式

9.2 单行文字

常用的绘制单行文字方法有两种：

(1)单击“默认”选项卡“注释”面板中文字下拉按钮，单击“单行文字”按钮，如图2-77所示。

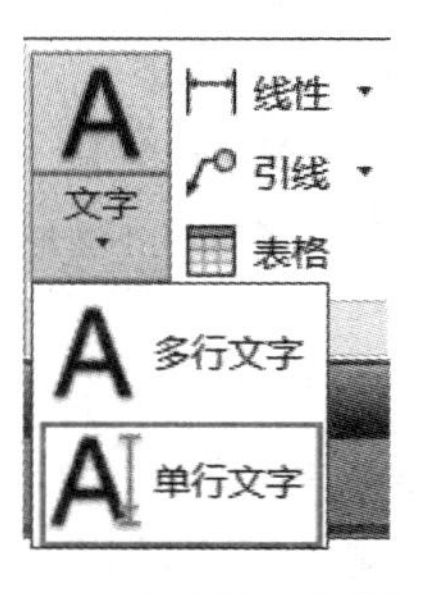

图 2-77　“单行文字”按钮

(2)在命令窗口输入命令“DT”(TEXT)，按空格键或Enter键执行，命令行信息如下：

命令：DT

TEXT

当前文字样式：“汉字样式”　文字高度：300.0000　注释性：否　对正：左

此时，在绘图区域指定文字绘制的起点，旋转角度等开始文字的绘制。

注意：在绘图过程中，经常会用到一些特殊的符号，如直径符号、正负公差符号、度符号等，对于这些特殊的符号，AutoCAD 提供了相应的控制符来实现其输出功能，常用的控制符号及功能如下：

%%O　　打开或关闭文字上划线

%%U　　打开或关闭文字下划线

%%D　　度(°)符号

%%P　　正负公差(±)符号

%%C　　圆直径(₵)符号

单行文字用来创建内容比较简短的文字对象，如图名、门窗标号等。如果当前使用的文字样式将文字的高度设置为 0，命令行将显示“指定高度:”提示信息；如果文字样式中已经指定文字的固定高度，则命令行不显示该提示信息，使用文字样式中设置的文字高度。在命令行输入“DDEDIT”或“ED”，可以对单行文字或多行文字的内容进行编辑。

9.3 多行文字

多行文字用来创建内容较多、较复杂的多行文字，AutoCAD 将其作为一个单独的对象操作。绘制如图 2-78 所示的多行文本。

结构设计说明
一、工程概况及结构布置
本工程为框架结构，无地下室，地上4层
二、自然条件
1.抗震设防有关参数：抗震设防烈度：8度
2.场地的工程地质条件：
(1) 本工程专为教学使用设计，无地勘报告。
(2) 基础按独立基础设计，采用天然地基，地基承载力特征值f_{ak}=160 kPa。
三、本工程±0.000相当于绝对标高暂定×××.×××m
四、本工程设计所遵循的标准、规范、规程

图 2-78　多行文本绘制案例

绘制步骤如下：

(1)将设置好的文字样式置为当前，在“默认”选项卡“注释”面板中的文字“下拉菜单”中单击“多行文字”按钮或者在命令窗口输入“T”(MTEXT)，按空格键或 Enter 键执行命令，命令提示如下：

命令：T MTEXT

当前文字样式:“汉字样式”　文字高度:300.0000　注释性:否

指定第一角点:

指定对角点或［高度(H)/对正(J)/行距(L)/旋转(R)/样式(S)/宽度(W)/栏(C)］:

(2)在指定的区域输入文字，如图 2-79 所示。

图 2-79　绘制多行文字

9.4 文字的编辑

对已有的文字进行编辑有以下两种方式：

(1)双击文字。

(2)按下组合键 Ctrl+1 打开“特性”对话框，再选中待编辑的文字。

双击文字对象可以打开该文字的“文字样式”对话框，在对话框内框选需要修改的文字，然后在选项卡上的标题栏里修改。

9.5 门窗统计表的绘制

以绘制图 2-73 所示的门窗统计表为例，来介绍表格的绘制过程。

(1)设置表格样式。可以指定当前表格样式以确定所有新表格的外观。表格样式包括背景颜色、页边距、边界、文字和其他表格特征的设置。可以通过单击“默认”选项卡“注释”面板下拉按钮，在下拉列表中单击“表格样式”按钮，如图 2-80 所示。或者在命令窗口输入“TABLESTYLE”，按空格键或者 Enter 键执行，弹出“表格样式”对话框。如图 2-81 所示。

单击“新建”按钮新建表格样式或单击“修改”按钮，在原有的 Standard 样式基础之上对其进行修改。单击“修改”按钮，弹出“修改表格样式”对话框，如图 2-82 所示。

图 2-80　“表格样式”按钮

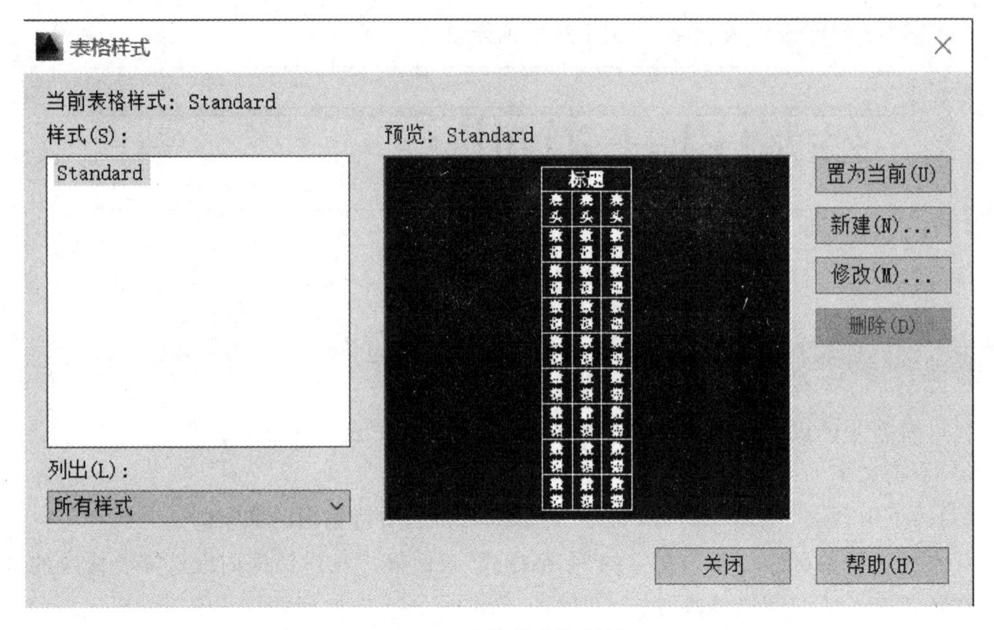

图 2-81 “表格样式”对话框

修改表格样式: Standard

起始表格

选择起始表格(E):

常规

表格方向(D): 向下

单元样式

数据

常规 文字 边框

特性

填充颜色(F): 无

对齐(A): 中上

格式(O): 常规

类型(T): 数据

页边距

水平(Z): 0.0600

垂直(V): 0.0600

创建行/列时合并单元(M)

单元样式预览

确定 取消 帮助(H)

图 2-82 “修改表格样式”对话框

将数据行、列标题、标题的文字样式改为之前创建好的“汉字”文字样式，对齐方式改为“正中”，单击“确定”按钮，回到“表格样式”对话框。单击“置为当前”按钮，关闭“表格样式”对话框。

(2)单击“默认”选项卡“注释”面板中的“表格”按钮，如图 2-83 所示。或在命令行出输入“table”，弹出“插入表格”对话框，如图 2-84 所示。

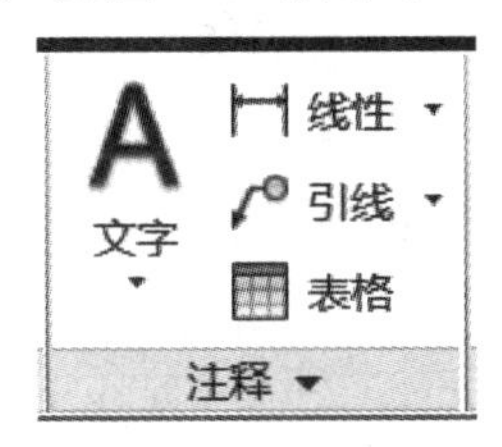

图 2-83　表格按钮

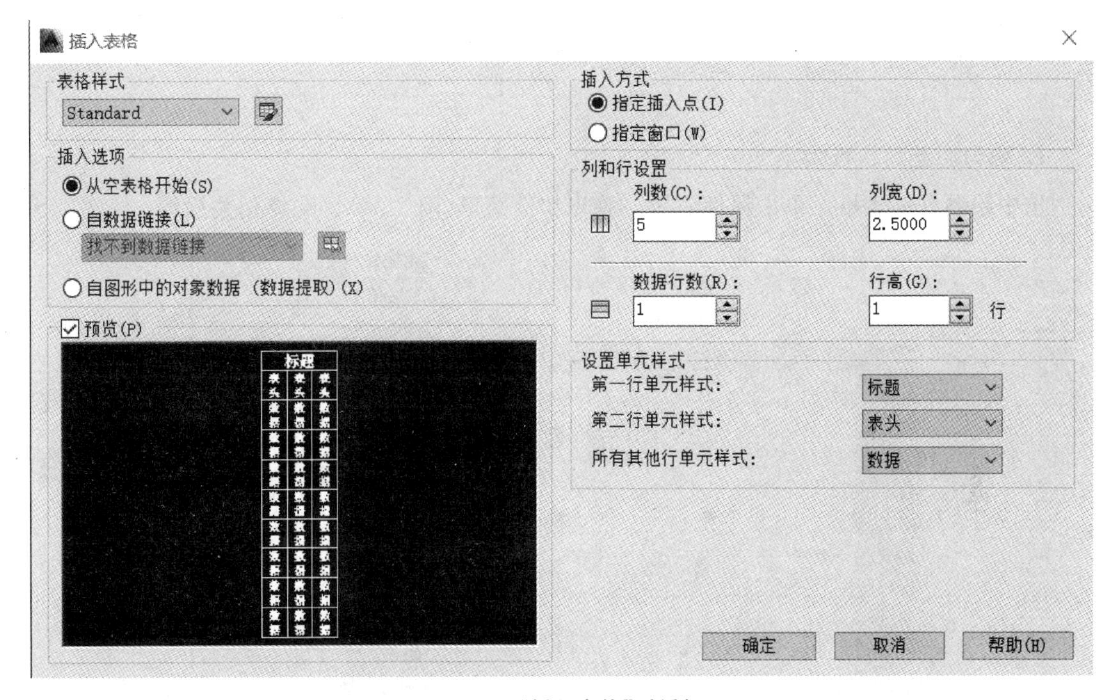

图 2-84　“插入表格”对话框

(3)列数设置为 4，行数设置为 4，单击“确定”按钮出现插入的表格，如图 2-85 所示。

(4)依次在对应的位置输入文字和符号，完成门窗表的绘制。

9.6 表格的编辑

可以对创建好的表格可以进行编辑，如增加一行、增加一列、单元格合并，删除，均匀调整列的大小、均匀调整行的大小等。表格编辑方法如下。

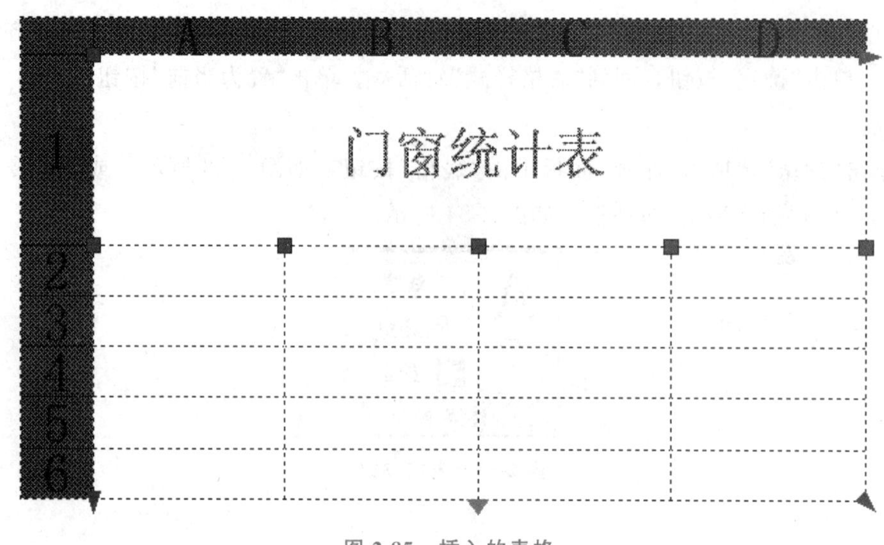

图 2-85　插入的表格

1. 均匀调整列、行大小

选中绘制好的表格，单击鼠标右键，弹出快捷菜单(图 2-86)，选择相关操作。

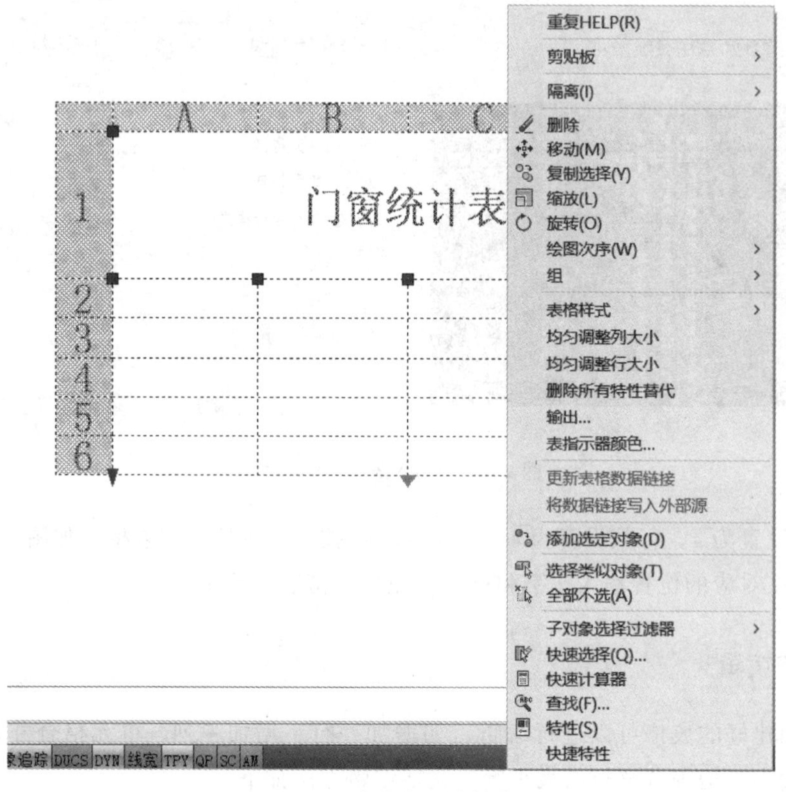

图 2-86　表格右键快捷菜单

2. 单元格操作

选中要进行操作的单元格，单击鼠标右键，弹出快捷菜单(图 2-87)，选择相关操作。

图 2-87　单元格右键快捷菜单

课后任务

绘制门窗数量及门窗规格一览表，见表 2-1。

表 2-1　按观测值的改正数计算中误差

编号	名称	规格(洞口尺寸)		数量					备注
		宽	高	一层	二层	三层	四层	总计	
M5021	旋转玻璃门	5 000	2 100	1	—	—	—	1	甲方确定
M1021	木质夹板门	1 000	2 100	20	20	20	20	80	甲方确定
C0924	塑钢管	900	2 400	4	4	4	4	16	详见立面
C1524	塑钢管	1 500	2 400	2	2	2	2	8	详见立面

续表

编号	名称	规格(洞口尺寸)		数量					备注
		宽	高	一层	二层	三层	四层	总计	
C1624	塑钢管	1 600	2 400	2	2	2	2	8	详见立面
C1824	塑钢管	1 800	2 400	2	2	2	2	8	详见立面
C2424	塑钢管	2 400	2 400	2	2	2	2	8	详见立面
PC1	飘窗(塑钢管)	见平面	2 400	2	2	2	2	8	详见立面
C5027	塑钢管	5 000	2 700	—	1	1	1	3	详见立面
MQ1	装饰幕墙	6 927	14 400						详见立面
MQ2	装饰幕墙	7 200	14 400						详见立面

任务 10　楼梯平面详图的绘制

绘制任务

绘制楼梯平面图，如图 2-88 所示。

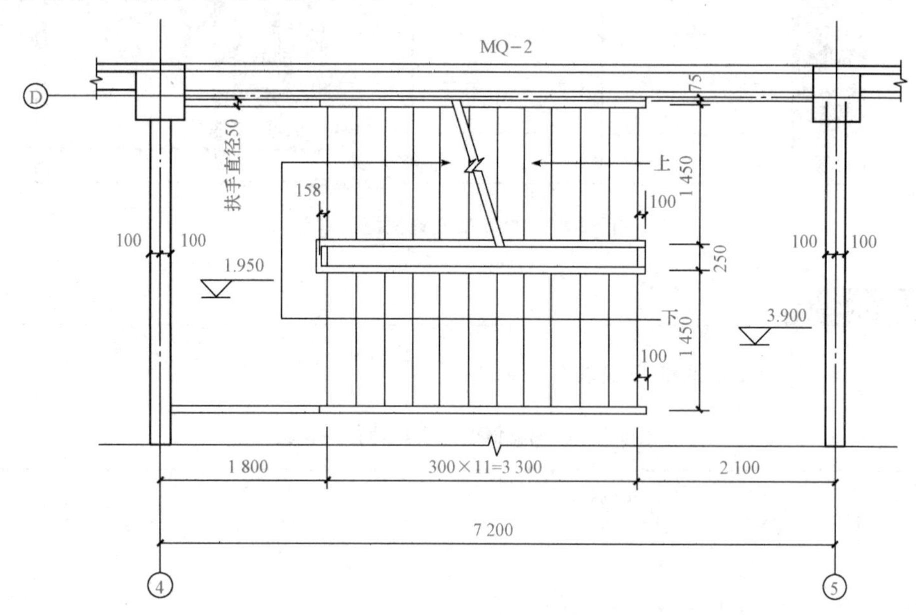

图 2-88　楼梯平面图

学习目标

1. 掌握图层的设置方法及相关应用；
2. 掌握定位轴线及轴线标号的绘制方法；
3. 掌握多线(ML)的使用方法；
4. 了解楼梯的绘制过程和要点。

视频：楼梯平面图

能力目标

能够正确绘制不同类型的楼梯，并满足设计要求及制图要求。

素养目标

培养学生的遵守规范、遵纪守法意识。

10.1 图层(layer)

图层用于按功能在图形中组织信息及执行线型、颜色及其他标准。对于一张建筑图纸来说，内容比较多，为便于绘图修改，通常要设置多个图层。例如，一张建筑平面图，常用的图层是根据其构造与图形固有的情况来决定的，一般均设置以下图层：轴线、柱子、墙体、门窗、室内布置、文字标注、尺寸标注等。下面介绍创建图层的方法。

(1)单击“默认”选项卡“图层”面板中的“图层特性”按钮，如图 2-89 所示。

图 2-89 “图层”面板

(2)在命令窗口输入“layer”(la)。弹出“图层特性管理器”对话框，如图 2-90 所示。单击“新建图层”按钮。给新建的图层起名为“轴线层”，颜色选择红色，选择线型，弹出“选择线型”对话框，如图 2-91 所示。单击“加载”按钮，在弹出的“加载或重载线型”对话框中(图 2-92)选择“center2”线。设置之后的“图层特性管理器”对话框如图 2-93 所示。

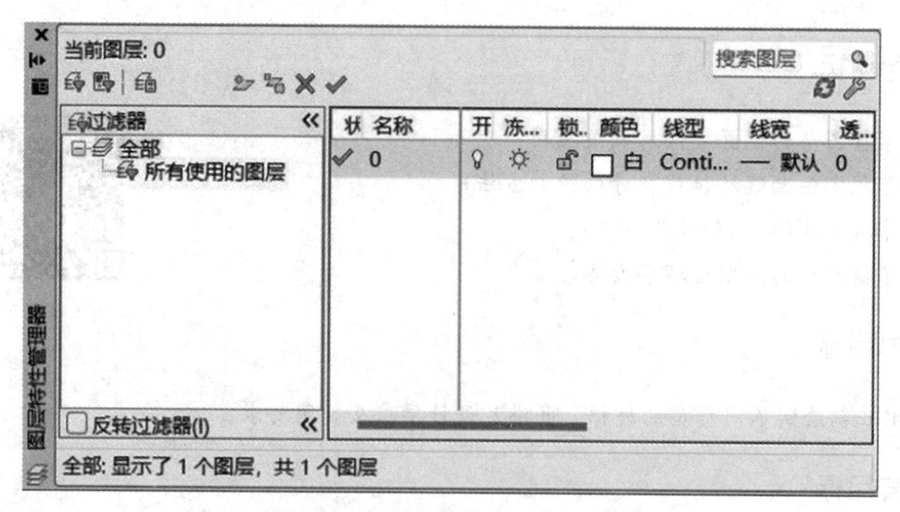

图 2-90 “图层特性管理器”对话框

图 2-91 “选择线型”对话框

图 2-92 “加载或重载线型”对话框

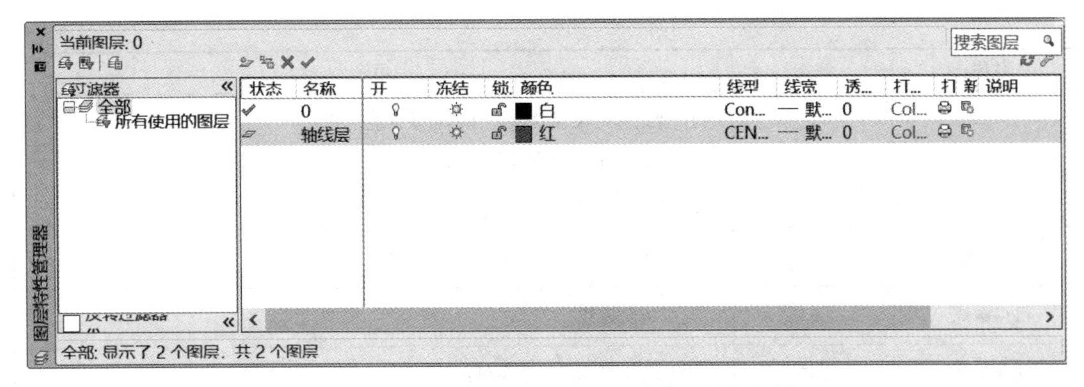

图 2-93　添加新图层后的“图层特性管理器”对话框

说明：

灯泡处于灰色状态　时，该图层被关闭。关闭后的图层不可见且不能被编辑，不能打印输出。但在重生成图形时，还会计算它们；可以将任何一层打开或关闭。

太阳变为雪花形状　即为冻结。冻结状态的图层不可见，不能打印；它不能冻结当前层；与关闭图层的区别是在重生成图形时，不被计算，从而节省了图形重生的时间。

锁定与解锁。锁定　后的图层可见但不能被编辑。在绘图过程中，为避免不慎删除某层上的对象，还需要其是可见的，可以将该层锁定；当前图层可被锁定，仍可在当前图层上绘制图形，但绘制出的图形是不可修改的。

新建立的图层默认的状态下是可以打印的。代表该图层不能打印。

说明：建筑图纸中的图线主要有 3 种，即实线、虚线和点画线，其图线的粗细由线宽决定。为了表明不同的内容并使层次分明，须采用不同线型和线宽的图线来绘制图形。图线的线型和线宽可以按表 2-2 的说明来选用。

表 2-2　图线的线型和线宽及其用途

名称	线宽	用途
粗实线	b	1. 平面图、剖视图中被剖切的主要建筑构造(包括构配件)的轮廓线； 2. 建筑立面图的外轮廓线； 3. 建筑构造详图中被剖切的主要部分的轮廓线； 4. 建筑构配件详图中的构配件的外轮廓线
中实线	$0.5b$	1. 平面图、剖视图中被剖切的次要建筑构造(包括构配件)的轮廓线； 2. 建筑平面图、立面图、剖视图中建筑构配件的轮廓线； 3. 建筑构造详图及建筑构配件详图中的一般轮廓线
细实线	$0.35b$	小于 $0.5b$ 的图形线、尺寸线、尺寸界线、图例线、索引符号、标高符号等

续表

名称	线宽	用途
中虚线	0.5b	1. 建筑构造及建筑构配件不可见的轮廓线； 2. 平面图中的起重机轮廓线； 3. 拟扩建的建筑物的轮廓线
细虚线	0.35b	图例线、小于 0.5b 的不可见轮廓线
粗点画线	b	起重机轨道线
细点画线	0.35b	中心线、对称线、定位轴线
折断线	0.35b	不需画全的断开界线
波浪线	0.35b	不需画全的断开界线、构造层次的断开界线

线宽 b 的选取应从 2.0、1.4、1.0、0.7、0.5、0.35(mm)的线宽序列中选取。

按照相同的方法，新建墙、梯层、注释层，命名可以用英文字母、汉语拼音、数字等，可以根据项目需要建立多个图层，图层名字要能够区分开不同图层的功能，特殊要注意不同图层线型的选择、颜色的选择。绘制后的图层如图 2-94 所示。

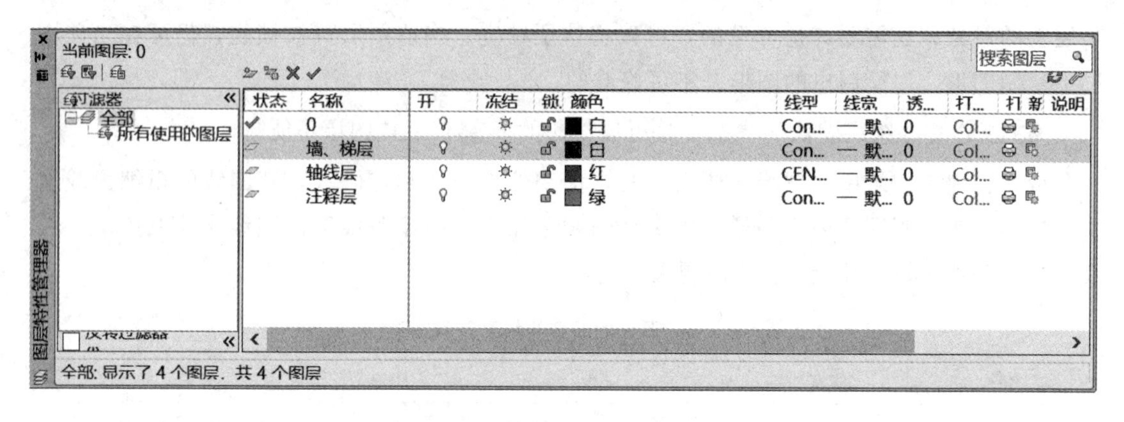

图 2-94　绘制后的图层

10.2 定位轴线及轴线编号的绘制

定位轴线是指建筑物主要墙、柱等承重构件加上编号的轴线；定位轴线用细点画线绘制，轴线编号圆为细实线，直径为 8～10 mm(详图上为 10 mm)。

平面图上横向编号应用阿拉伯数字，从左至右顺序编写；竖向编号应用大写拉丁字母(I、O、Z 除外)自下而上顺序编写；附加轴线的编号用分数表示，分母为前一轴线的编号，分子为附加轴线的编号，用阿拉伯数字顺序编写。轴线编号绘制的几种情况见表 2-3。

表 2-3　轴线编号绘制的几种情况

2/3	表示 3 号轴线之后附加的第二根轴线
2/0A	表示 A 号轴线之前附加的第二根轴线
①③	一个详图适用于几个轴线时，应同时注明有关的轴线编号。详图用于两个轴线时
①3、6	详图用于 3 个或 3 个以上轴线时

(1)绘制定位轴线。利用图层控制工具栏，如图 2-95 所示，将当前图层切换到轴线层。绘制定位轴线：*X* 轴正向绘制长度为 9 000 的 *D* 轴，选择合适位置绘制与其相交的 *Y* 轴方向的④号轴线，长度为 4 000。使用偏移命令，将 *D* 轴向 *Y* 轴负向偏移 3 250(楼梯间和大厅的分割线)，4 号轴线向 *X* 轴正向偏移 7 200(⑤号轴线)，楼梯平面详图的定位轴线绘制完成，如图 2-96 所示。

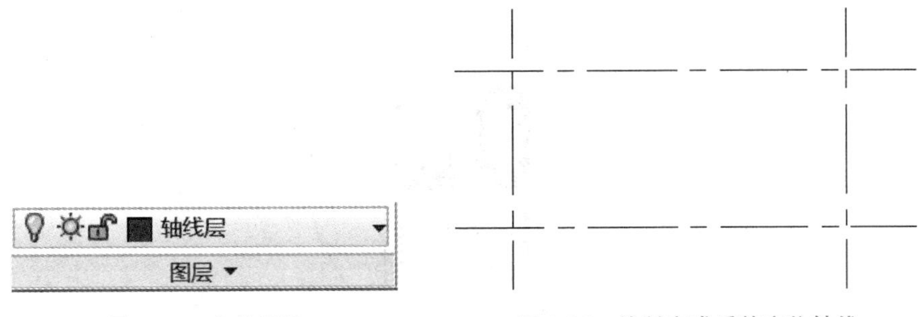

图 2-95　当前图层　　　图 2-96　绘制完成后的定位轴线

(2)绘制定位轴号。绘制 4×5 的矩形，捕捉矩形的中心点，以矩形中心点为圆心绘制直径为 8 mm 的圆，如图 2-97 所示。

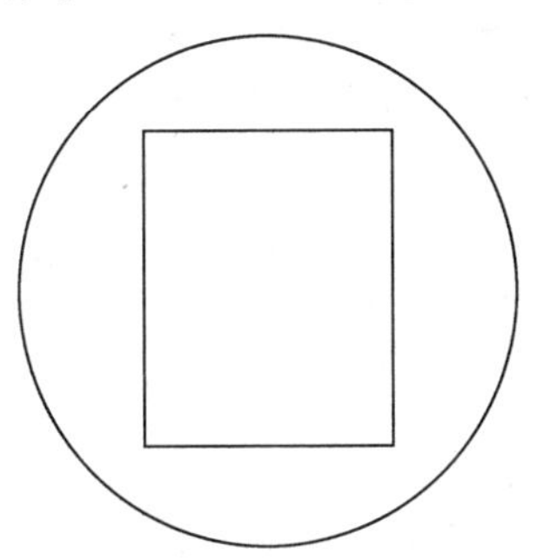

图 2-97　绘制矩形、圆后的效果

设置文字样式—定位轴号，将文字大小设置为 5，并将此文字样式设置为当前。通过 AT 命令调出块“属性定义”对话框，在该对话框中设置相关参数，如图 2-98 所示。单击“确定”按钮，回到绘图界面，拾取矩形底边的两个点，绘制结果如图 2-99 所示。之后将矩形删除。

属性定义

模式
不可见(I)
固定(C)
验证(V)
预设(P)
锁定位置(K)
多行(U)

插入点
在屏幕上指定(O)
X: 0.0000
Y: 0.0000
Z: 0.0000

在上一个属性定义下对齐(A)

属性
标记(T): BH
提示(M): 请输入标号的值
默认(L): 20

文字设置
对正(J): 布满
文字样式(S): 汉字
注释性(N)
文字高度(E): 5.0000
旋转(R): 0
边界宽度(W): 0.0000

确定 取消 帮助(H)

图 2-98　块“属性定义”对话框

图 2-99　带属性的块

选中绘制好的图形，设置插入点为圆的上象限点，利用 WB 命令将其生成外部块，命名为定位轴号，插入单位为毫米。设置如图 2-100 所示。定位轴号绘制完成，其他图形文件均可以通过插入块命令 I 进行轴号的使用，如图 2-101 所示。插入定位轴号的图形如图 2-102 所示。

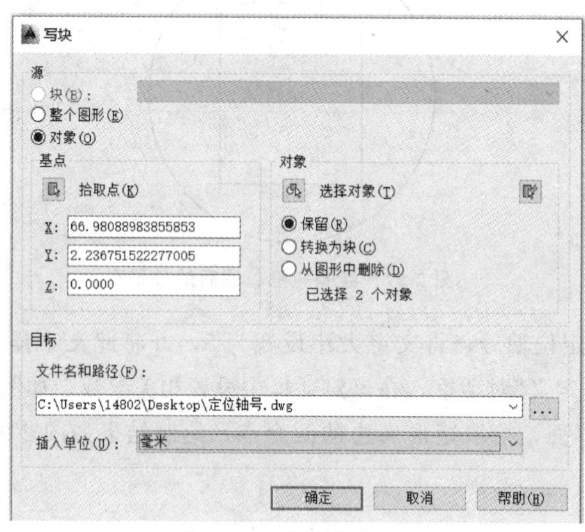

图 2-100　“写块”对话框

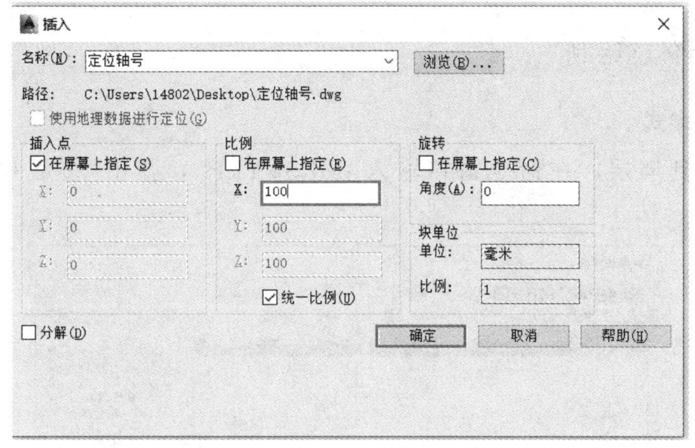

图 2-101　定位轴号块的插入

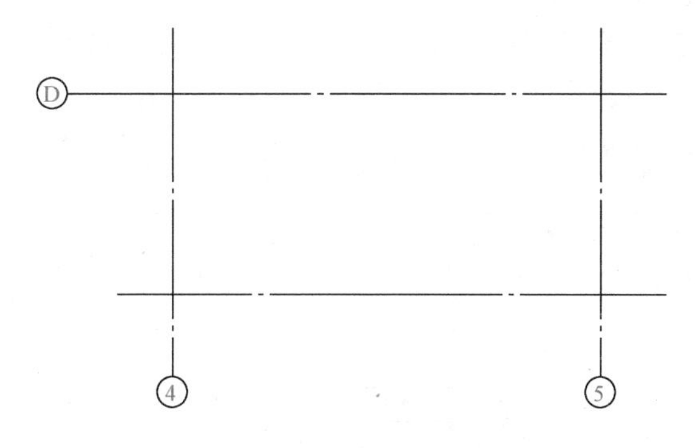

图 2-102　插入定位轴号后的图形

10.3 绘制柱子

利用矩形命令绘制 500×500 的柱子，捕捉其中心点将其移动到④轴和Ⓓ轴的交点处，复制出⑤轴和Ⓓ轴的交点处的柱子。柱子绘制完成，如图 2-103 所示。

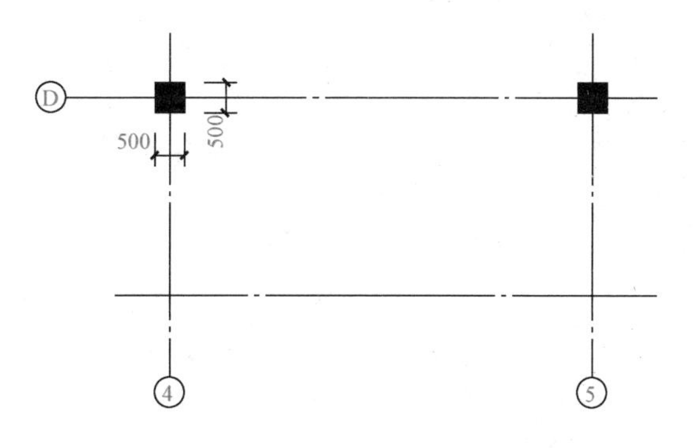

图 2-103　绘制柱子

10.4 多线及墙体的绘制

1. 设置多线样式

将图层切换到墙层，在命令窗口输入"MLSTYLE"，弹出"多线样式"对话框，如图 2-104 所示。

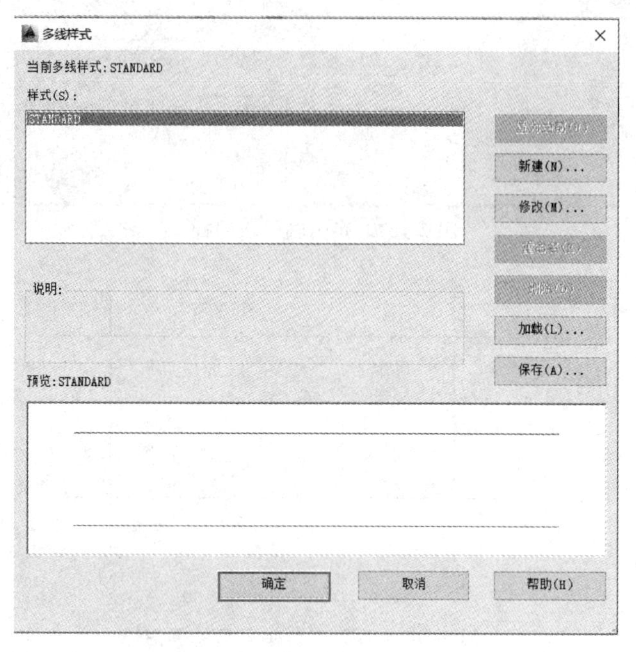

图 2-104 "多线样式"对话框

在"多线样式"对话框中单击"新建"按钮，弹出"新建多线样式"对话框，新样式名处输入"200"，单击"继续"按钮，创建 200 墙样式，设置参数如图 2-105 所示，单击"确定"按钮。将 200 样式设置为当前样式。200 墙样式设置结束。

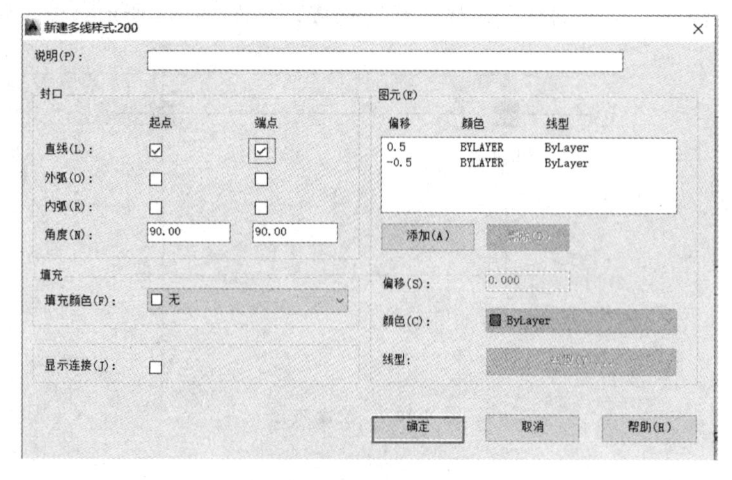

图 2-105 多线样式设置

2. 绘制墙体

使用 ML 命令绘制厚度是 200 的墙体。在命令窗口输入“ML”，设置相关参数，命令行提示信息如下：

命令:MLINE

当前设置：对正 = 无,比例 = 200.00,样式 = 200

指定起点或 [对正(J)/比例(S)/样式(ST)]:

指定下一点:

指定下一点或 [放弃(U)]:

使用同样的方法可以利用 ML 绘制直径是 50 mm 的扶手(设置对正＝无，比例＝50.00，样式 2000)，绘制完成的图形如图 2-106 所示。

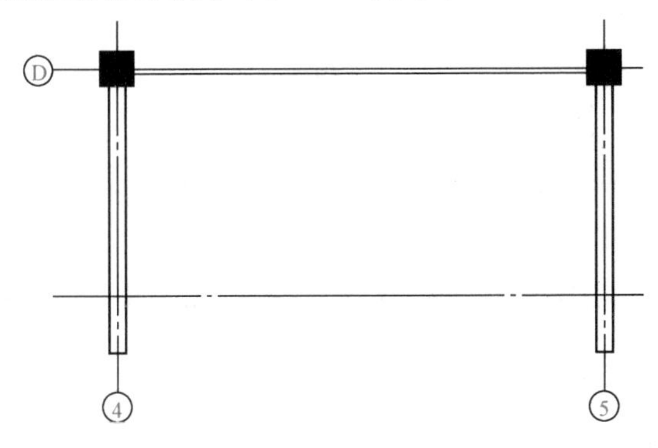

图 2-106　绘制完成的墙体和扶手

使用同样的方法可以利用 ML 绘制距离Ⓓ轴 50 mm 的直径为 60 mm 的楼梯栏杆，绘制命令如下：

命令: ML

MLINE

当前设置：对正 = 上,比例 = 60.00,样式 = 200

指定起点或 [对正(J)/比例(S)/样式(ST)]:　from 基点: ＜偏移＞ : 50

指定下一点:

指定下一点或 [放弃(U)]:

使用同样的方法可以利用 ML 绘制楼梯间和大厅的分割线位置的直径为 60 mm 的楼梯栏杆(设置对正＝下，比例＝60.00，样式 2000)。绘制完成的图形如图 2-107 所示。

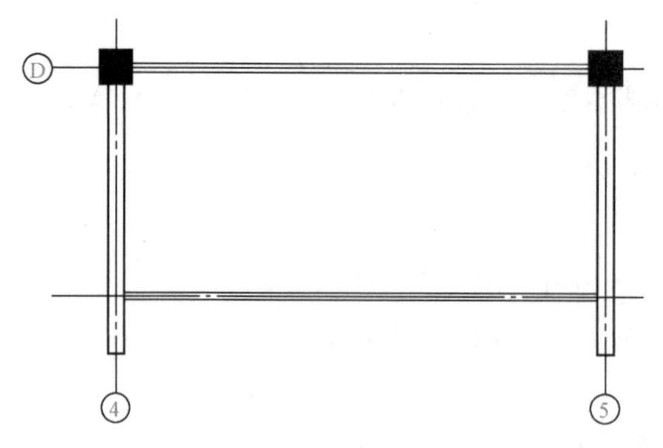

图 2-107　绘制完楼梯栏杆的效果

10.5 绘制楼梯踏面

将⑤号轴线延 X 轴负向偏移 1 800，确定第一个踏步的位置。将当前图层切换为墙、梯层。开始楼梯踏步的绘制。每个踏面宽度是 300 mm，总计 12 个踏面。首先绘制第一个踏步踢面线，之后使用矩形阵列命令绘制所有踏面，参数设置如图 2-108 所示。最后用分解命令将矩阵解散。

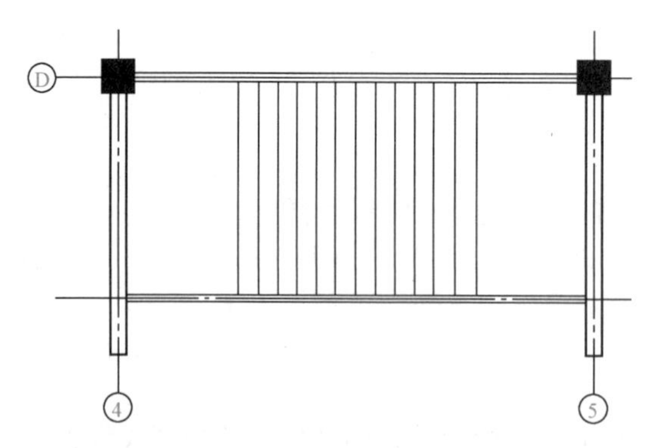

图 2-108　利用矩形阵列绘制踏面

10.6 绘制楼梯井及其栏杆

绘制 3 740×200 的矩形，作为楼梯井，以矩形右侧边中点为基点，将其移动到距离楼梯起始踏步中点 X 轴正向 70 的位置，如图 2-109 所示。将绘制好的矩形向外偏移 60，如

图 2-110 所示。通过修剪命令，修剪和删除掉多余的线条。如图 2-111 所示。

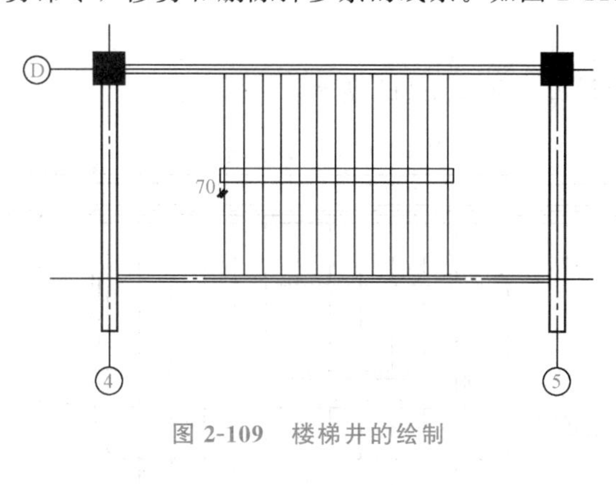

图 2-109　楼梯井的绘制

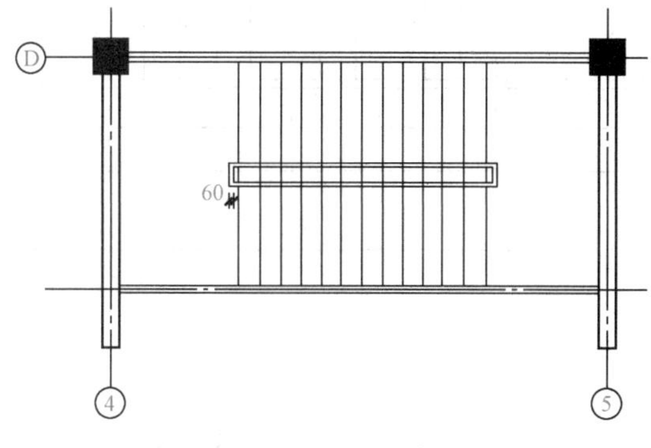

图 2-110　楼梯井及栏杆的绘制

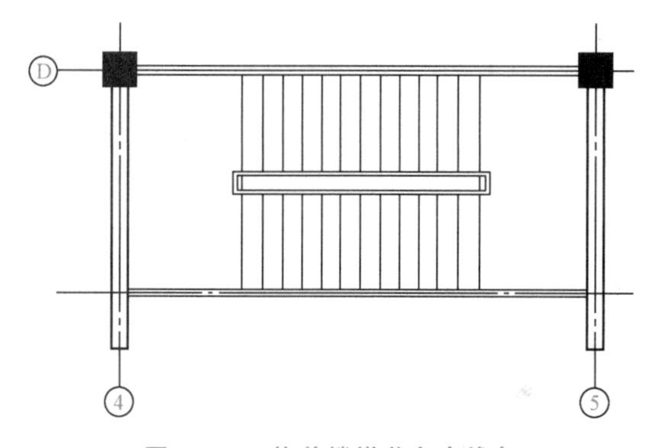

图 2-111　修剪楼梯井多余线条

10.7 楼梯间其他要素的绘制

楼梯间上下箭头的绘制可以用 PL 线绘制。文字说明可以用单行文本绘制，标高可以参照本项目任务 7“7.1 标高符号的绘制”进行绘制与插入。折断线可以用直线命令绘制。这里不再赘述。

课后任务

绘制楼梯四层平面详图，如图 2-112 所示。

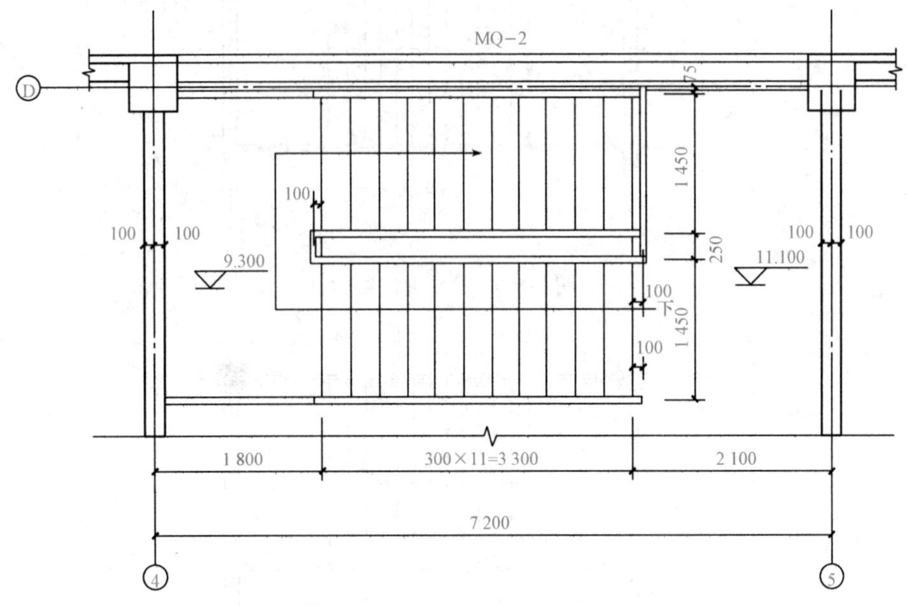

图 2-112　楼梯四层平面详图

学习笔记

项目 3 建筑平面图的绘制

任务 1 建筑平面图概述

绘制任务

绘制建筑平面图，如图 3-1 所示。

视频：平面图概述

知识目标

1. 建筑平面图组成；
2. 建筑平面图绘制过程；
3. 绘制建筑平面图注意事项。

能力目标

掌握建筑平面图绘制过程。

素养目标

培养学生具有严谨的作图流程及态度。

假想用一水平剖切面沿门窗洞的位置将房屋剖切后，对剖切面以下部分作出的水平剖面图，即为建筑平面图，简称平面图。该图是建筑施工图中最基本的图样之一，它反映房屋的平面形状、大小和房间的布置，墙(柱)的位置、厚度和材料，门窗的类型等。

1.1 建筑平面图的组成

(1)建筑物及其组成房间的名称、尺寸、定位轴线和墙壁厚等。

(2)走廊、楼梯位置及尺寸。

(3)门窗位置、尺寸及编号。门的代号是 M，窗的代号是 C。在代号后面写上编号，同一编号表示同一类型的门窗，如 M1、C1。

(4)台阶、阳台、雨篷、散水的位置及细部尺寸。

(5)室内地面的高度。

(6)首层地面上应画出剖面图的剖切位置线，以便与剖面图对照查阅。

在准备工作完成后，可以进行建筑平面图的绘制，平面图的绘图顺序一般从最底层开始，以后每层都在前一层的基础上进行修改，各层平面在图纸上一般从左至右或从下至上布置，这样便于统一柱网，且条理清楚，避免低级错误的发生。用 AutoCAD 绘制建筑平面图的总体思路是先整体后局部。

1.2 建筑平面图的绘制过程

用 AutoCAD 绘制建筑平面图的主要绘图过程如下：

(1)设置图形界限，用 Limits(图形界限)命令设置绘图区域的大小。

(2)创建图层，如轴线层、墙体层、门窗层等。

(3)用 Line(直线)命令绘制水平和竖直的定位轴线基准线，用 Offset(偏移)、Trim(修剪)命令绘制其他水平及竖直的定位轴线。

(4)绘制轴线编号并标注定位尺寸。

(5)用 Mline(多线)命令绘制外墙体，形成大致的平面形状。

(6)用 Mline(多线)命令绘制内墙体。

(7)绘制门窗、楼梯等其他局部细节。

(8)标注尺寸。

(9)书写文字。

(10)插入标准图框，并以绘图比例的倒数缩放图框。

1.3 绘制建筑平面图的注意事项

在绘制建筑平面图的过程中，应注意以下几点。

1. 剖切生成正确

建筑平面图实际上是一个全剖视图，其剖切方向为水平剖切，因此，在绘图时，首先应找准剖切位置和投影方向，并想清楚哪些是剖到的，哪些是看到的，哪些是需要表达的，这样才能准确地表达出建筑物的平面形式。

2. 线型正确

建筑平面图中主要涉及三种宽度的实线，被剖切到的柱子、墙体的断面轮廓线为粗实线，门窗的开启示线为中粗实线；其余可见轮廓线为细实线。

3. 只管当前层，不管其他层

在绘制建筑各层平面图时，只需按照剖切方向由上垂直向下看，所能够观察到的物体才属于该层平面图中的内容。如某些建筑屋顶不在同一层上，若从某层剖开并由上到下观察建筑物，除能观察到该层平面上的部分物体，也能看到低于该低层的物体。此时，若要绘制该层平面图，则只需要将该层平面中观察到的内容绘制出来，而不管其下的屋顶平面，即只管当前层，不管其他层。

4. 尺寸正确

在绘制建筑平面图时，各个设施应按照设计的实际尺寸及数量绘制。

5. 尺寸标注

建筑平面图的尺寸标注是其重要内容之一，要求必须规范注写，其线性标注分为外部尺寸和内部尺寸两大类。外部尺寸分三层标注：第一层为外墙上门窗的大小和位置尺寸；第二层为定位轴线的间距尺寸；第三层为外墙的总尺寸。要求第一道距建筑物最外轮廓线10～15 mm，三道尺寸间的间距保持一致，通常为7～10 mm。另外还有台阶、散水等细部尺寸。内部尺寸主要有内墙厚、内墙上门窗的定形及定位尺寸。对于标高的标注，需注明建筑物室内外地面的相对标高。

6. 其他

在建筑物的底层平面图中应注意指北针、建筑剖视图的剖切符号、索引符号等的绘制。

任务2　建筑平面图绘制

绘制任务

绘制建筑一层平面图。

知识目标

1. 绘图环境设置；
2. 绘制定位轴线、轴号、柱网、墙体、门窗洞口、门窗以及其他构件。

能力目标

学生能够熟练掌握建筑平面图的绘制，并能够按照制图规范的要求独立完成建筑施工平面图的绘制。

素养目标

培养学生的细心观察、精致绘图、独立思考和分析能力；工作中需要认真细致、精益求精的工匠精神。

下面以绘图实例讲解建筑平面图的绘制方法。一层平面图如图3-1所示。

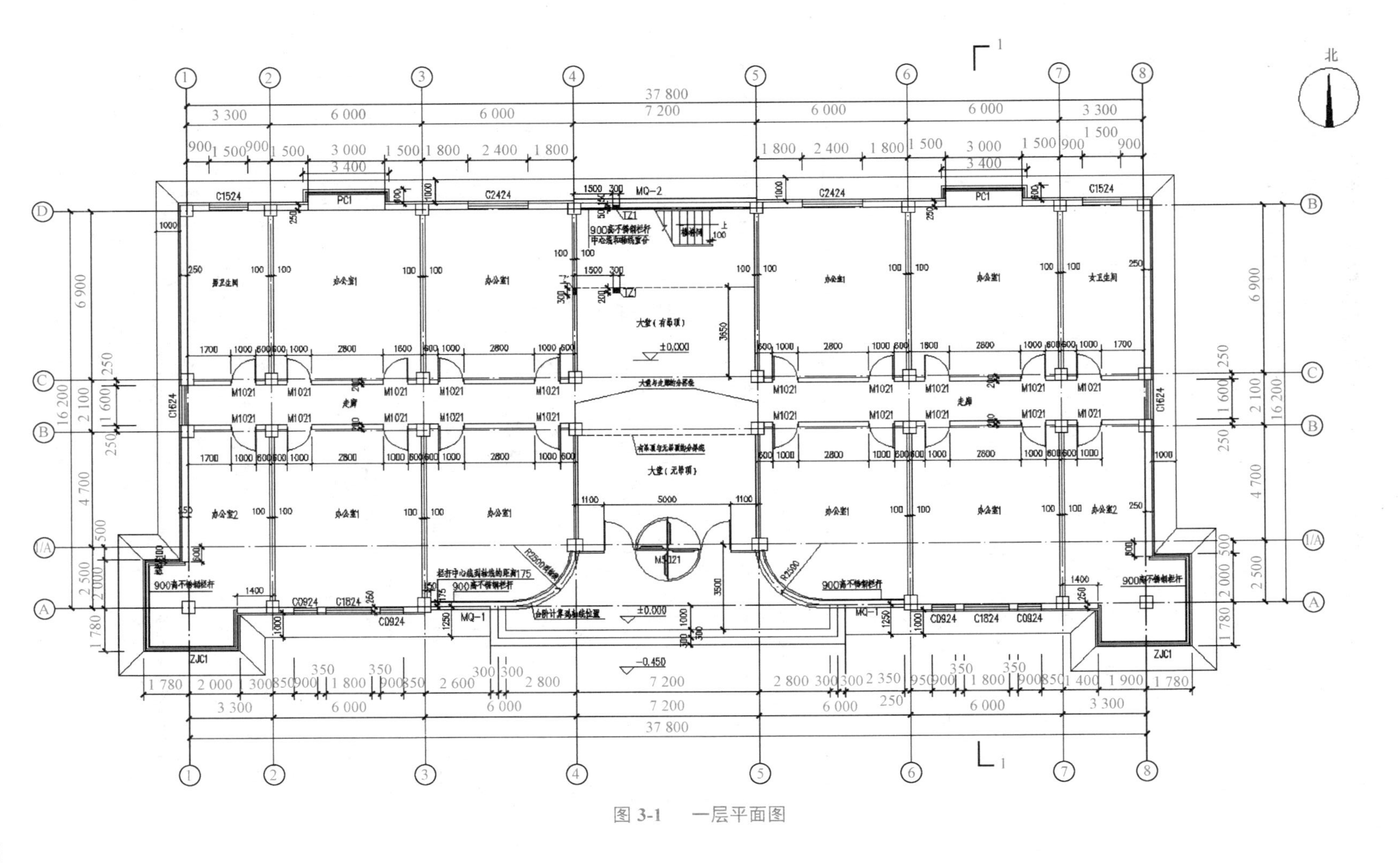
北
37 800
16 200
6 900
2 100
4 700
2 500
7 200
6 000
3 300
办公室1
办公室2
走廊
大堂（有吊顶）
大堂（无吊顶）
±0.000
-0.450
MQ-1
MQ-2
M1021
M5021
C1524
C2424
C0924
C1824
C1624
PC1
ZJC1
900高不锈钢栏杆

图 3-1　一层平面图

在绘制平面图之前的准备工作非常必要的，能提高工作效率，使绘图工作有条不紊且易于检查和修改。在开始绘制 AutoCAD 图形时，首先需要定义符合要求的绘图环境，如制定绘图单位、图形界限、设计比例、图层、文字样式和标注样式等参数。

2.1 绘制环境设置

(1)图形界限设置。在利用 AutoCAD 绘制建筑施工图时，常按照实际尺寸绘制(即 1∶1 的比例)。在绘图前，根据图纸的大小设置合适的绘图范围，是一个“虚拟”的边界。如采用 A2 幅面图框绘制，绘图比例是 1∶100 时，图形界限为 59 400×420 000 ，即 A2×100。

执行菜单栏“格式”→“图形界限”命令，命令行提示如下：

命令：'_limits

重新设置模型空间界限：

指定左下角点或［开(ON)/关(OFF)］<0.0000,0.0000>：(Enter 键)

指定右上角点 <420.0000,297.0000>：59400,42000(输入 59400,42000 后按 Enter 键)

注意：在输入点坐标时，字体格式应该选用英文。

(2)单位设置。执行菜单栏“格式”→“单位”命令，弹出“图形单位”对话框，将单位设置为毫米，精确到 0.000，采用十进制。

(3)总体线型比例因子设置。执行菜单栏“格式”→“线型”命令，弹出“线型管理器”对话框，单击“显示细节”按钮，将全局比例因子设置为 100，如图 3-2 所示。

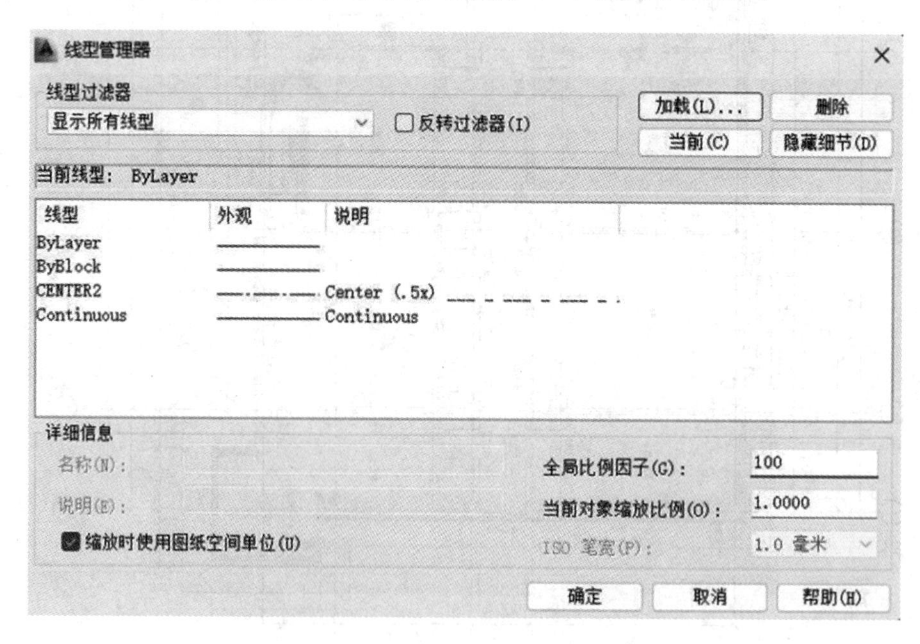

图 3-2 “线型管理器”对话框

(4)文字样式设置。执行菜单栏“格式”→“文字样式”命令，弹出“文字样式”对话框，新建文字样式“建筑”，字体为宋体，宽度因子为 1。

(5)标注样式设置。执行菜单栏“格式”→“标注样式”命令，弹出“标注样式管理器”对话框，新建“建筑标注”，在弹出的“新建标注样式”对话框中将尺寸线、尺寸界线、符号和箭头、比例等进行调整。其中，注意在“调整”选项卡中将使用全局比例调整为图形实际比例的倒数，如本例中的一层平面图比例为 1：100，那么将全局比例调整为 100(具体设置过程参照任务 4.3 设置标注样式)，如图 3-3 所示。

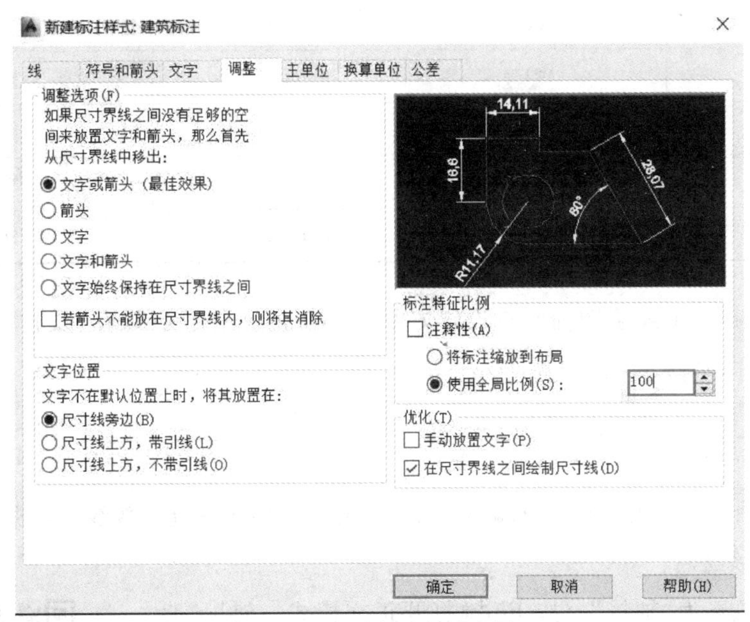

图 3-3　新建标注样式设置

(6)图层设置。执行菜单栏“格式”→“图层”命令或在命令行输入“LA”，在弹出的“图层特性管理器”对话框中进行图层设置，如图 3-4 所示。

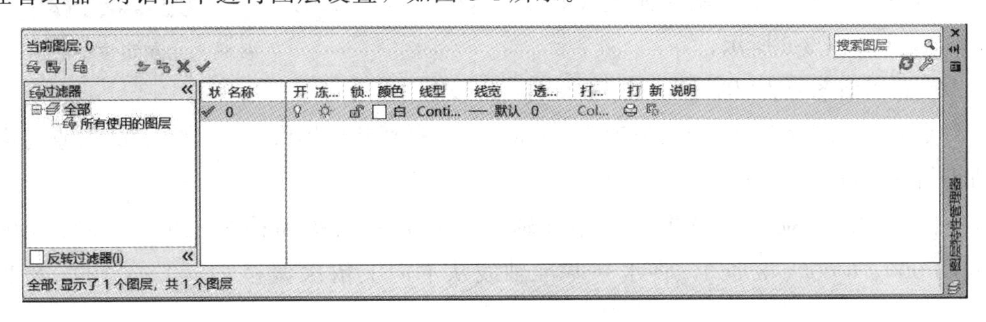

图 3-4　图层特性管理器

图层设置包括颜色、线型、线宽及比例的设置，在分步绘制施工图时，首先选择好对应的图层，条理清楚，方便日后对图纸的修改。绘制平面图需要的图层见表 3-1。执行菜单栏“格式”→“图层”命令，在弹出的“图层特性管理器”中单击“新建图层”按钮，按照表 3-1

中的参数建立相应的图层。

表 3-1　图层类型

图层名称	颜色	线型	线宽
轴线	红色	CENTERX2	默认
墙体	白色	Continuous	0.7 mm
柱网	青色	Continuous	默认
门窗	黄色	Continuous	默认
楼梯	221	Continuous	默认
标注	绿色	Continuous	默认
台阶	黄色	Continuous	默认
文字	111	Continuous	默认

(7)文件保存。正式绘图前，将设置好绘图环境的文件进行保存(文件名称、保存位置)，作为绘图模板。

2.2 绘制定位轴线、轴号

平面图的轴线位置主要是承重墙体和柱的中点，轴线也是施工放线的依据。

1. 定位轴线绘制

设置当前图层为“轴线”。按 F8 键打开正交模式。使用“直线”命令(L)绘制水平基准。

轴线，垂直基准轴线。使用“偏移”命令(O)，将垂直基准轴线从左向右依次偏移，水平基准轴线从下向上依次偏移，得到定位轴线，结果如图 3-5 所示。

视频：绘制定位轴线、轴网

(1)设置当前图层为“轴线”。按 F8 键打开正交模式。

(2)使用“直线”命令(L)绘制长度为 40 000 mm 水平基准轴线、20 000 mm 垂直基准轴线(轴线相交部位有出头)。

(3)使用“偏移”命令(O)将垂直基准轴线从左向右依次偏移 3 300、6 000、6 000、7 200、6 000、6 000、3 300，将水平基准轴线从下向上依次偏移 2 500、4 700、2 100、6 900。

结果如图 3-5 所示。

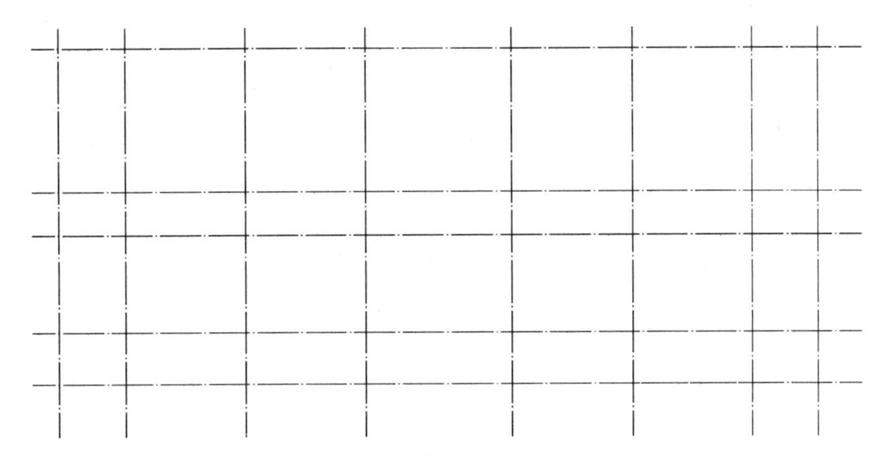

图 3-5　定位轴线的绘制

2. 轴号绘制

(1)单击“绘图”工具栏中“圆”按钮或在命令执行输入快捷键 C，在轴线端部绘制直径 800 mm(绘图比例1∶100)的圆。

(2)执行菜单栏“绘图”→“块”→“定义属性…”命令，弹出块“属性定义”对话框，如图 3-6 所示。在该对话框中更改设置，其中，“标记”“提示”“默认”文本框的设置值与实际输入的值无关，只是起到提示作用；“标记”文本框输入“ZH”，“提示”文本框输入“输入轴号”，“默认”文本框输入“1”，在样式中选择合适的文字样式，如本例中的“文字”样式，高度为 400。确定设置之后将属性置于圆的中心。

(3)输入“块”(B)命令，将符号及块属性创建成一个块，在弹出的“块定义”对话框中定义块的各项参数。此时，圆和块属性组成一个整体，且块属性由原来的标记 ZH 自动变为默认值 2。

(4)执行“插入块”(I)命令，在弹出的“插入”对话框中选择块名称，单击“确定”按钮。在绘图区指定输入点，输入正确轴号，插入轴号。

属性定义
模式
不可见(I)
固定(C)
验证(V)
预设(P)
锁定位置(K)
多行(U)
插入点
在屏幕上指定(O)
X: 0
Y: 0
Z: 0
属性
标记(T): ZH
提示(M): 输入轴号
默认(L): 2
文字设置
对正(J): 居中
文字样式(S): 文字
注释性(N)
文字高度(E): 400
旋转(R): 0
边界宽度(W): 0
在上一个属性定义下对齐(A)
确定　取消　帮助(H)

图 3-6　块“属性定义”对话框

3. 尺寸标注

标注总尺寸及定位尺寸。设置“标注”图层为当前图层，执行菜单栏“标注”中的[icon]（线性）和[icon]（连续）命令进行尺寸标注，添加轴线尺寸、总尺寸。绘制结果如图 3-7 所示。

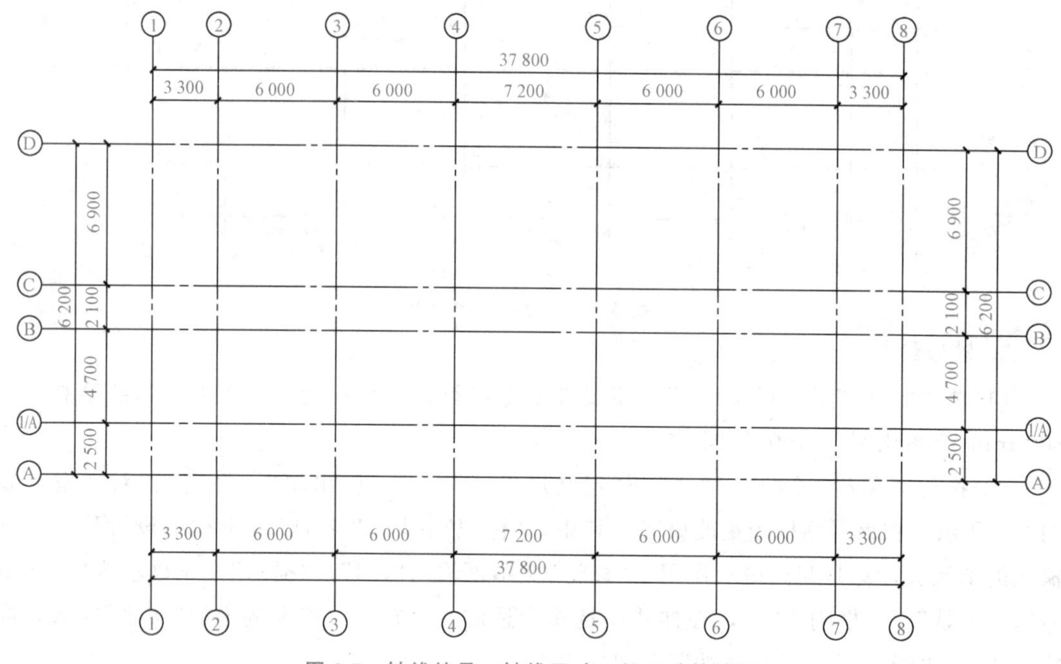

图 3-7　轴线编号、轴线尺寸、总尺寸的绘制

2.3 绘制柱网

(1)设置“柱网”图层为当前层。

(2)在屏幕上适当位置绘制柱的横截面，先绘制一个矩形，连接对角线。

(3)执行 H(填充)命令在柱子内填充“solid(实心)”图案，如图 3-8 所示。

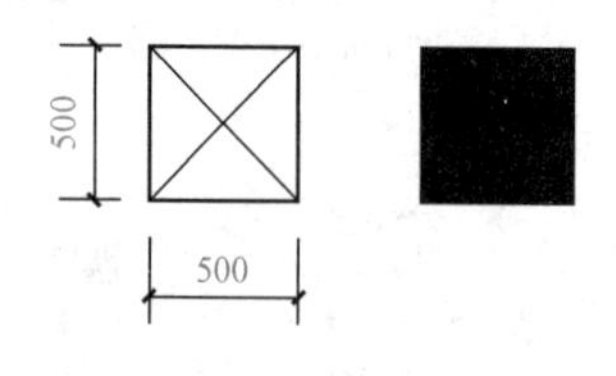

图 3-8　柱的截面

(4)执行 B(创建块)命令将柱子创建为块，以对角线交点为插入点。

(5)执行 I(插入)命令插入块，生成柱网图，如图 3-9 所示。

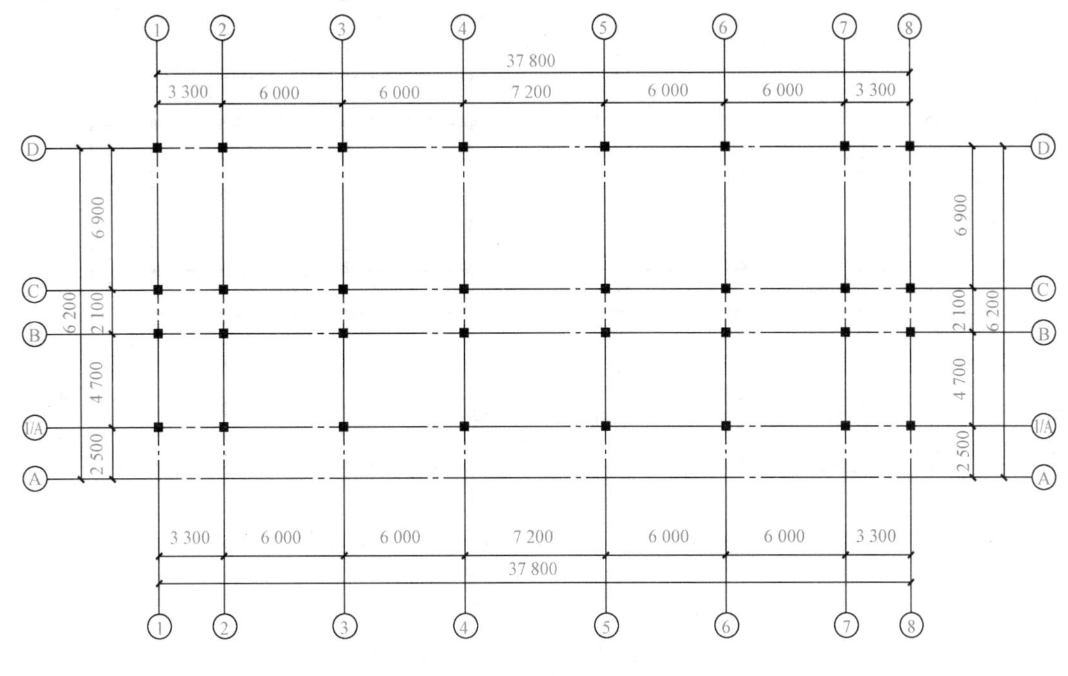

图 3-9 柱网图

2.4 绘制墙体

1. 设置当前图层为"墙体"

将"墙体"置为当前图层。

2. 设置多线样式

执行单栏"格式"→"多线样式"命令，弹出"多线样式"对话框。分别新建多线样式：200、250，在图元偏移量处分别设置为 100、－100 和 0、250、330(具体设置过程参照任务 10.4 多线及墙体的绘制)。

3. 利用多线命令 ML，绘制相应的墙体

输入"ML"执行多线样式命令，绘制时除了要注意选择"比例(S)"选项变换多线宽度外，还要注意选择"对正(J)"选项变换多线的对正方式(具体设置过程参照任务 10.4 多线及墙体的绘制)。

4. 对墙线进行编辑

双击墙节点处或执行菜单栏"修改"→"对象"→"多线"命令，在弹出的多线编辑工具对话框中编辑多线相交的形式，不能编辑的，用分解命令(EX)先将墙线分解为普通直线，然后再用修剪命令(TR)修剪多余线条(具体设置过程参照"项目 2　10.4 多线及墙体的绘制")。绘制后的墙体如图 3-10 所示。

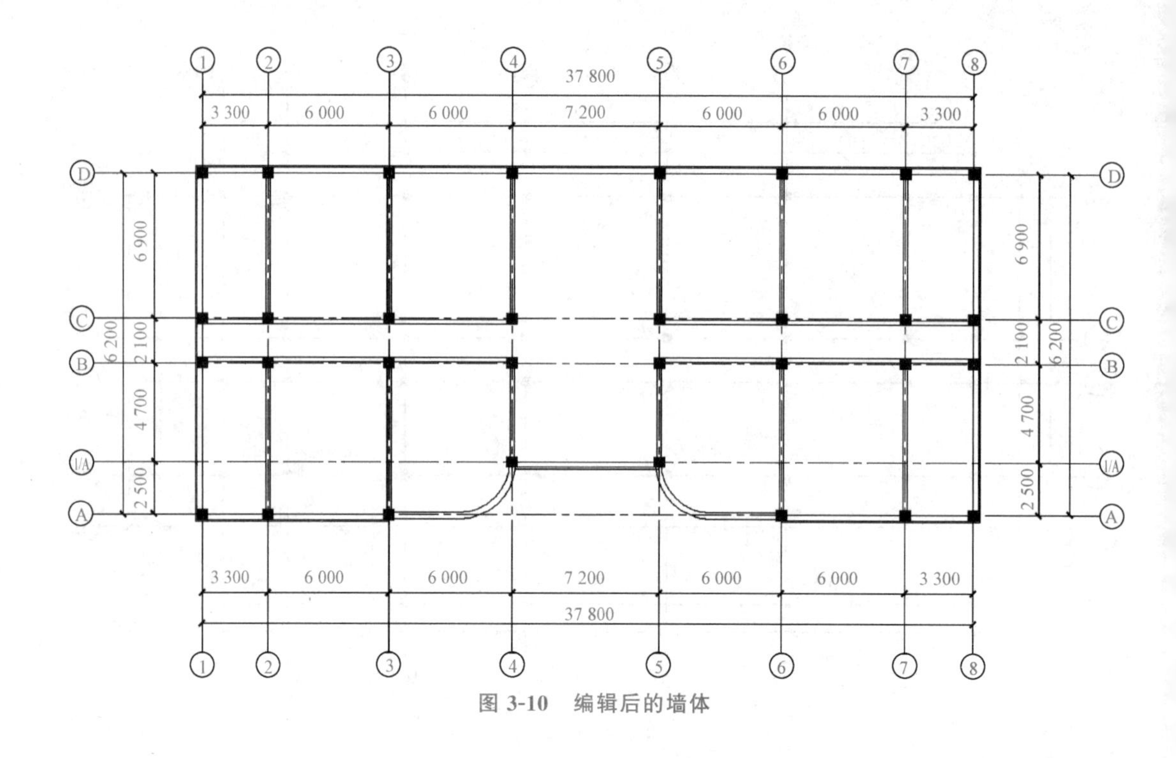

图 3-10　编辑后的墙体

2.5 绘制门、窗洞口

以图 3-11 为例介绍开设门窗洞的方法与操作过程。

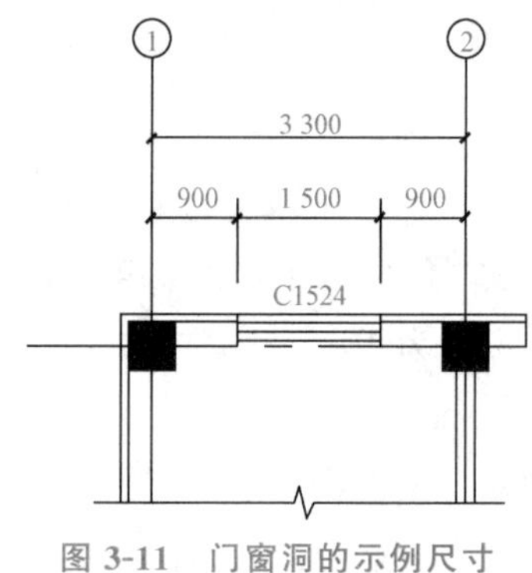

图 3-11　门窗洞的示例尺寸

(1)将①轴向右偏移 900，②轴向左偏移 900，如图 3-12 所示，命令行提示如下：

命令：O

OFFSET

当前设置：删除源=否　图层=源　OFFSETGAPTYPE=0

指定偏移距离或[通过(T)/删除(E)/图层(L)]<80.0000>：900

选择要偏移的对象,或[退出(E)/放弃(U)]<退出>：

指定要偏移的那一侧上的点,或[退出(E)/多个(M)/放弃(U)]<退出>：

选择要偏移的对象,或[退出(E)/放弃(U)]<退出>：

指定要偏移的那一侧上的点，或［退出(E)/多个(M)/放弃(U)］<退出>：

选择要偏移的对象，或［退出(E)/放弃(U)］<退出>：

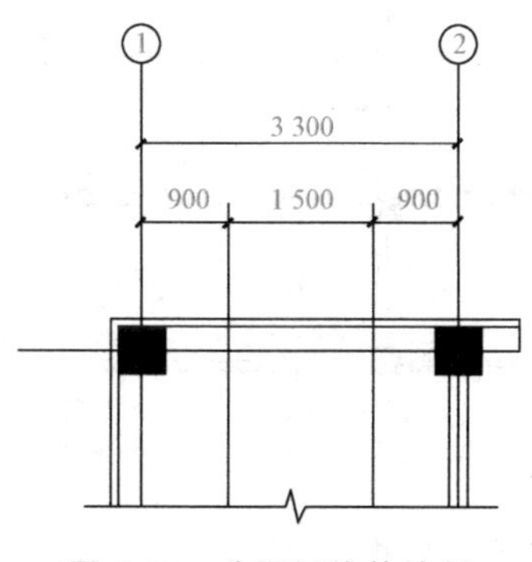

图 3-12　分隔短线的绘制

(2)用“Trim”命令修剪多余墙线，将门窗与墙体的两条分隔短线之间的多余墙线修剪掉，修剪后的结果如图 3-13 所示。为了不至于误修剪轴线，可以先关闭或冻结“轴线”图层。修剪命令提示如下：

命令：TR

TRIM

当前设置：投影=UCS，边=无

选择剪切边…

选择对象或<全部选择>：指定对角点：找到 2 个

选择对象：

选择要修剪的对象，或按住 Shift 键选择要延伸的对象，或

［栏选(F)/窗交(C)/投影(P)/边(E)/删除(R)/放弃(U)］：指定对角点：

1 个在锁定的图层上。

选择要修剪的对象，或按住 Shift 键选择要延伸的对象，或

［栏选(F)/窗交(C)/投影(P)/边(E)/删除(R)/放弃(U)］：

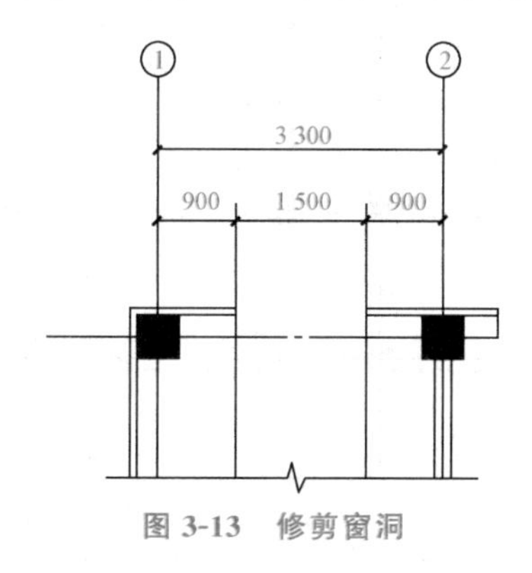

图 3-13　修剪窗洞

使用此方法形成所有的门窗洞口，结果如图 3-14 所示。

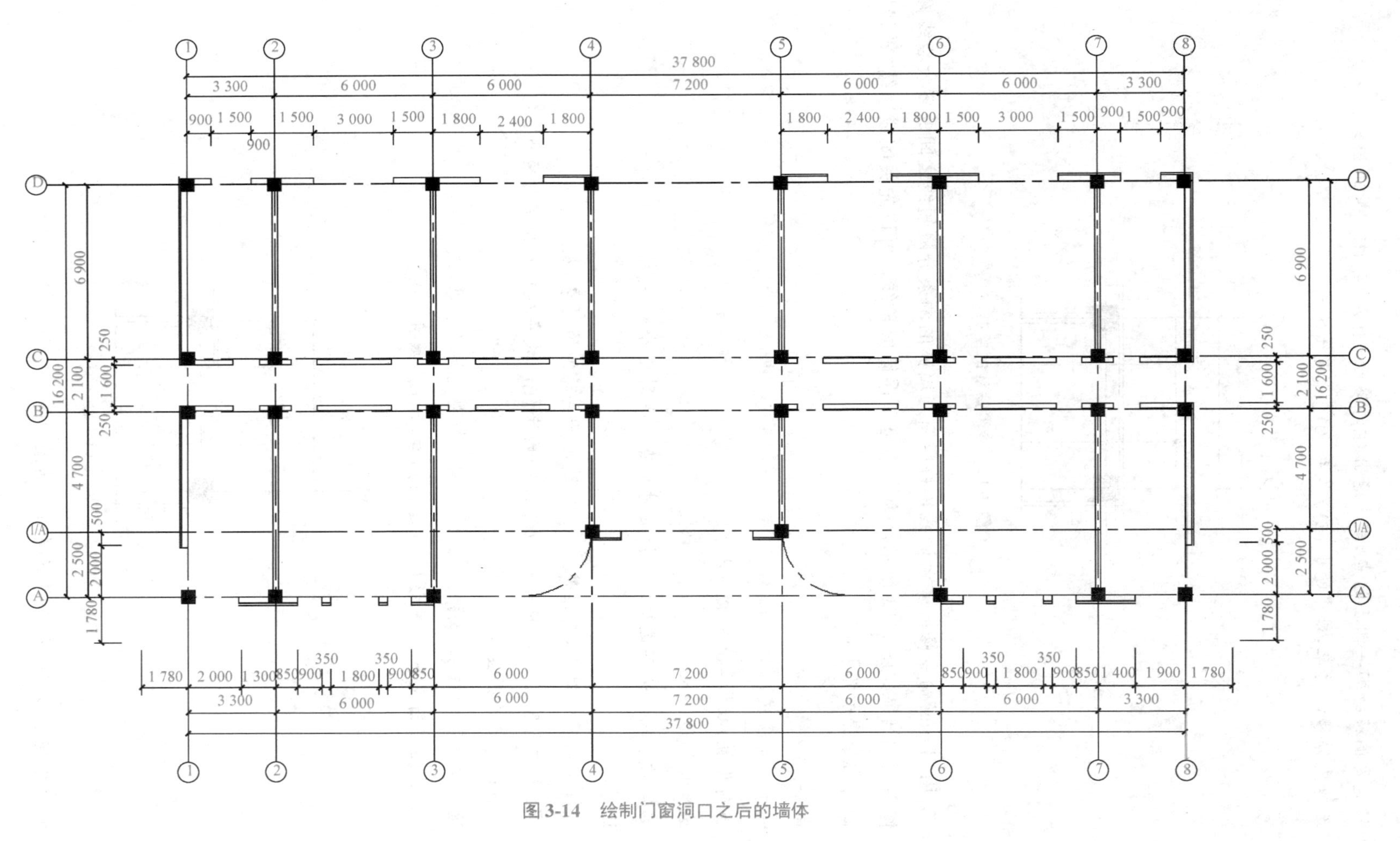

图 3-14　绘制门窗洞口之后的墙体

2.6 绘制门窗

考虑到门、窗对象在图形中反复出现，为避免重复作图和提高绘图效率，一般将同一型号的门、窗定义为块，在需要的时候使用“插入”命令将定义的块插入到当前的图形中。下面介绍定义门块和窗块的操作，窗块的操作在项目 2 任务 5 中窗户的绘制中已经做了详细的讲解，此处不再赘述。

视频：绘制墙体和门窗

绘制和定义 900 mm 的门块。设置极轴追踪增量角为 90°或 60°，并启用极轴追踪，然后使用直线和建块命令绘制图 3-15 所示的门，并以左下角点为插入点创建块。

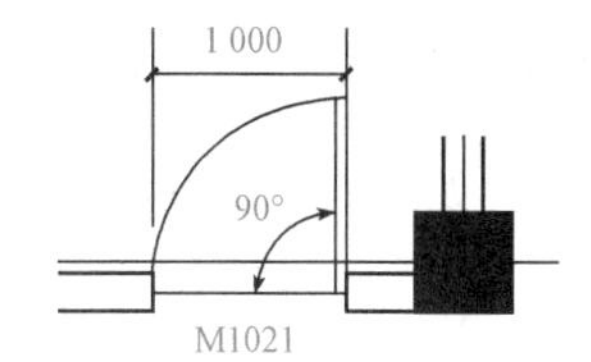

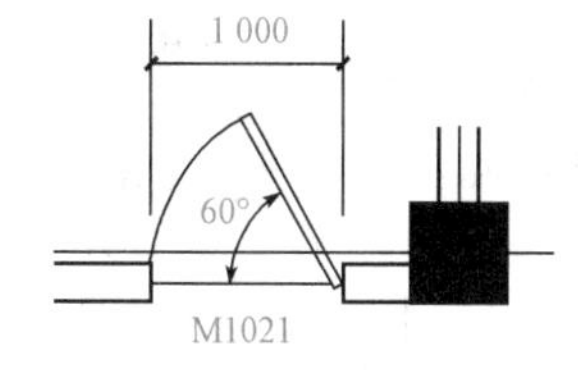

图 3-15　门示意图

具体操作如下：

(1)使用“矩形”命令，绘制 50×1 000 的矩形，如图 3-16 所示。

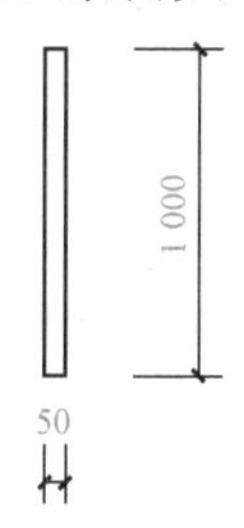

图 3-16　绘制矩形

(2)使用“Line”命令，绘制一条辅助线，长度>1 000 即可，如图 3-17 所示。

(3)使用“圆弧”命令，绘制半径为 1 000 的圆弧，如图 3-18 所示。

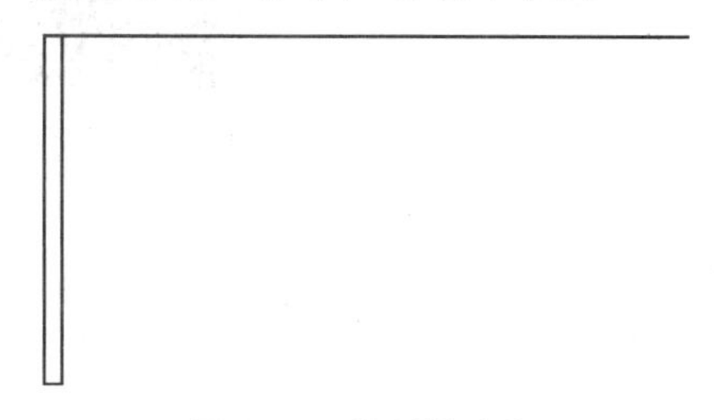

图 3-17　绘制辅助线

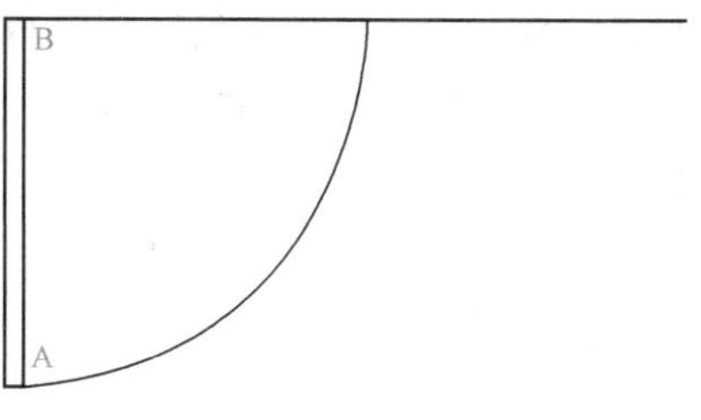

图 3-18　绘制圆弧

圆弧绘制命令如下：

命令：_arc 指定圆弧的起点或［圆心(C)］： //选择点 A

指定圆弧的第二个点或［圆心(C)/端点(E)］：c 指定圆弧的圆心：//选择点 B

指定圆弧的端点或［角度(A)/弦长(L)］：90

(4)使用“延伸”命令将圆弧延伸到矩形的左边线，如图 3-19 所示。

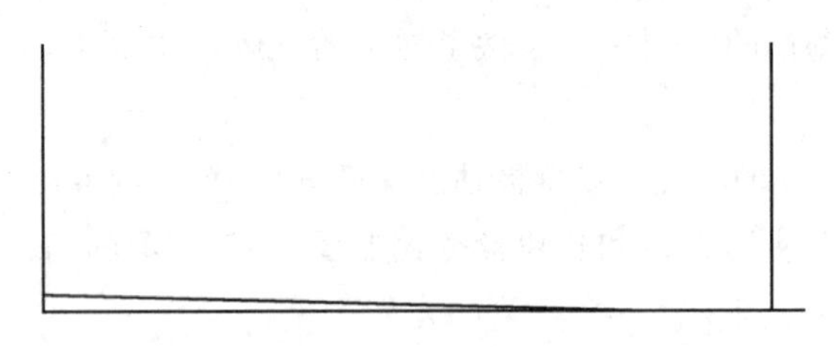

图 3-19 延伸后的效果

(5)使用“修剪”命令(TR)，修剪掉多余的线条，如图 3-20 所示。

图 3-20 修剪后的效果

(6)去掉辅助线，完成门的绘制。使用镜像命令(MI)将左开门调整为右开门，以便使用时直接插入。使用“建块”命令(B)分别将左、右开门图形定义为“Ld1000”和“Rd1000”的门块。同理绘制其他模数的门。插入门窗后的墙体如图 3-21 所示。

2.7 其他构件绘制

(1)绘制楼梯。参照项目 2 任务 10 进行楼梯的绘制。

(2)标注细部尺寸及文字标注。

(3)绘制其他。绘制室外台阶及散水、折断线、指北针等。

(4)打开绘制的 A2 样板文件，用缩放命令(SC)缩放图框，缩放比例为 100，然后将平面图布置在图框中。

(5)保存文件。

视频：其他构件的绘制

课后任务

仿照一层平面图的绘制过程，绘制二层平面图(图 3-22)、三层平面图(图 3-23)、四层平面图(图 3-24)。

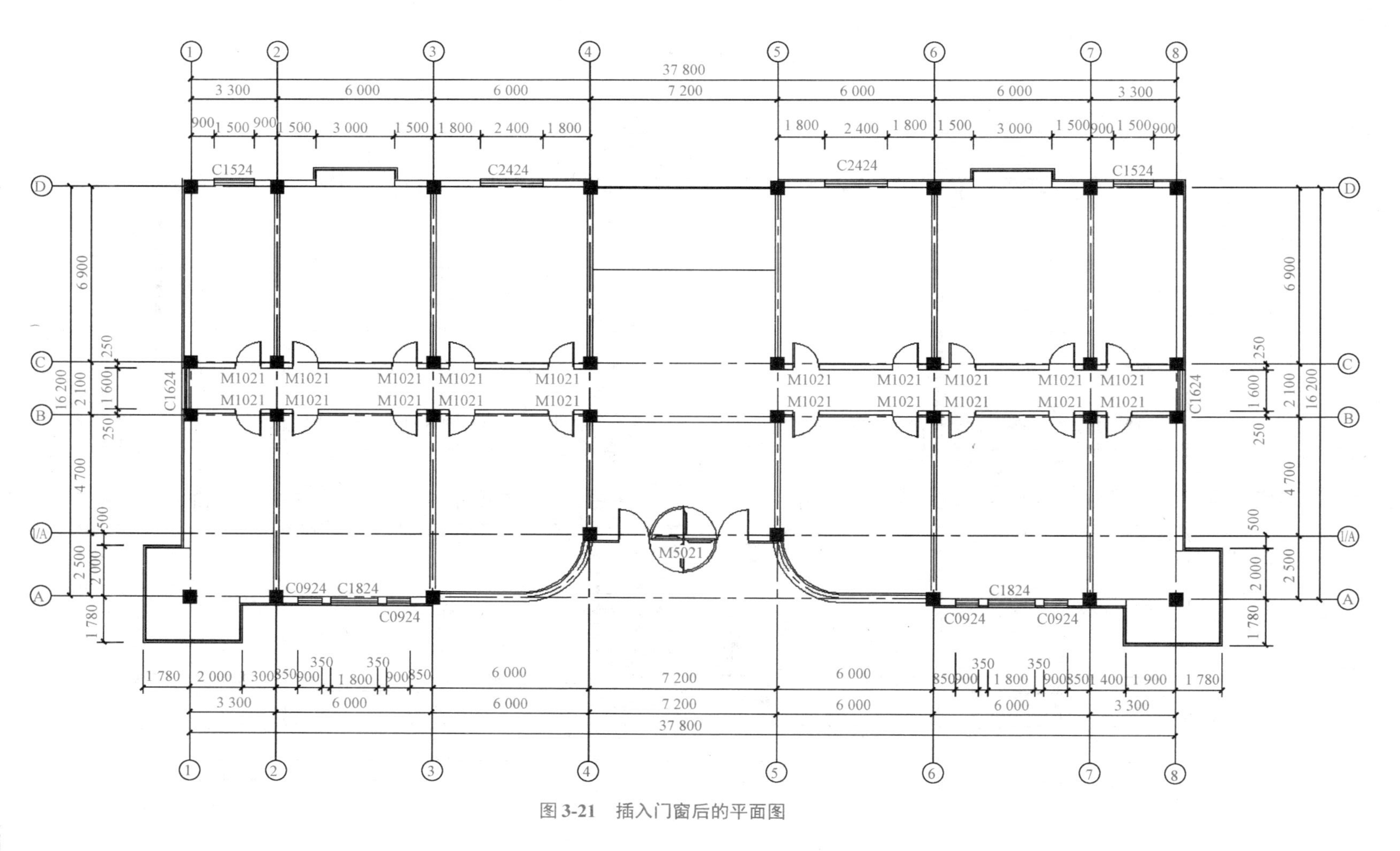

图 3-21 插入门窗后的平面图

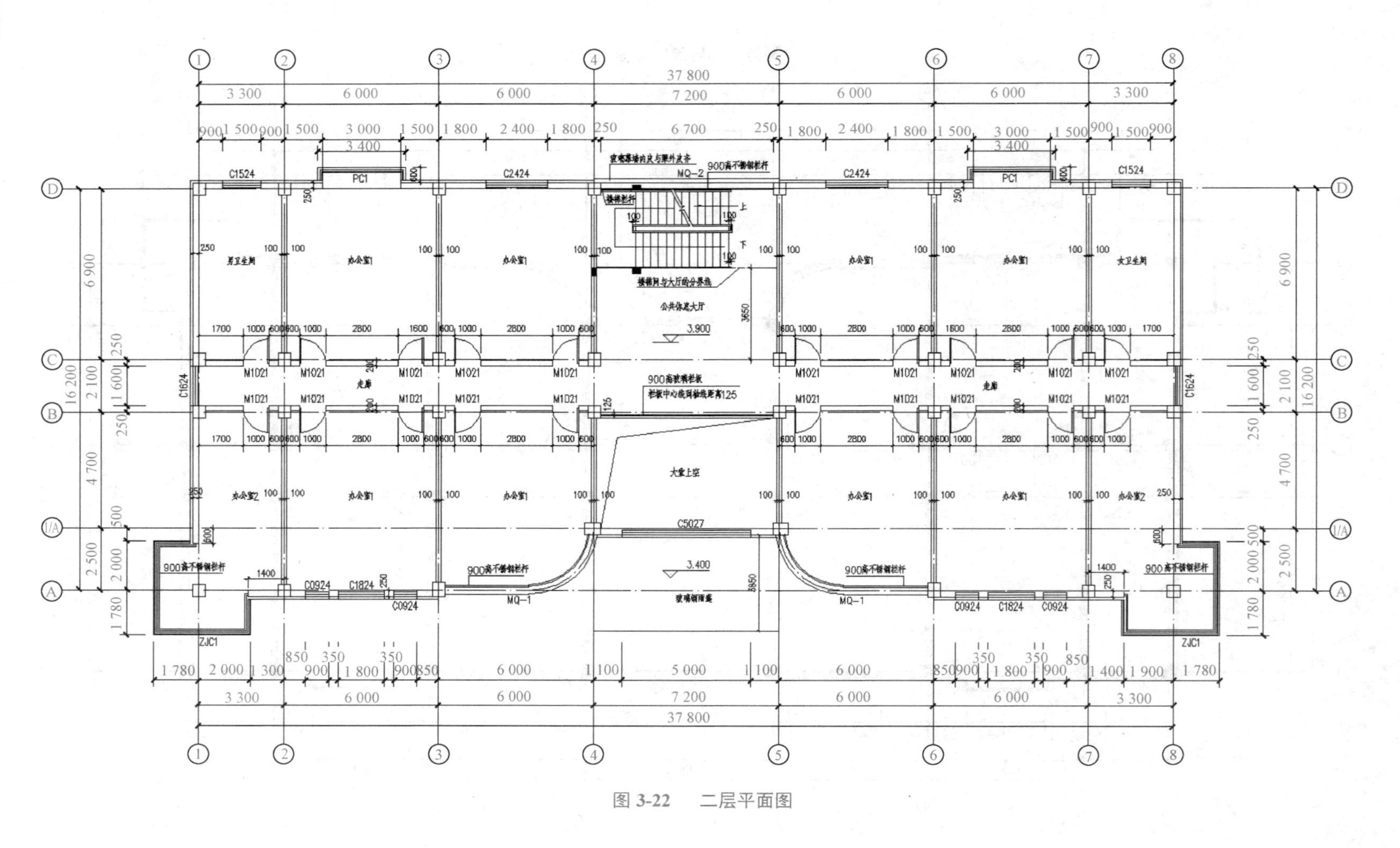

37 800
7 200
C1524
PC1
C2424
MQ-2
900高不锈钢栏杆
男卫生间
办公室1
女卫生间
公共休息大厅
3.900
走廊
900高玻璃栏板
大堂上空
办公室2
C5027
3.400
玻璃钢雨篷
MQ-1
C0924
C1824
C1624
M1021
ZJC1

图 3-22　二层平面图

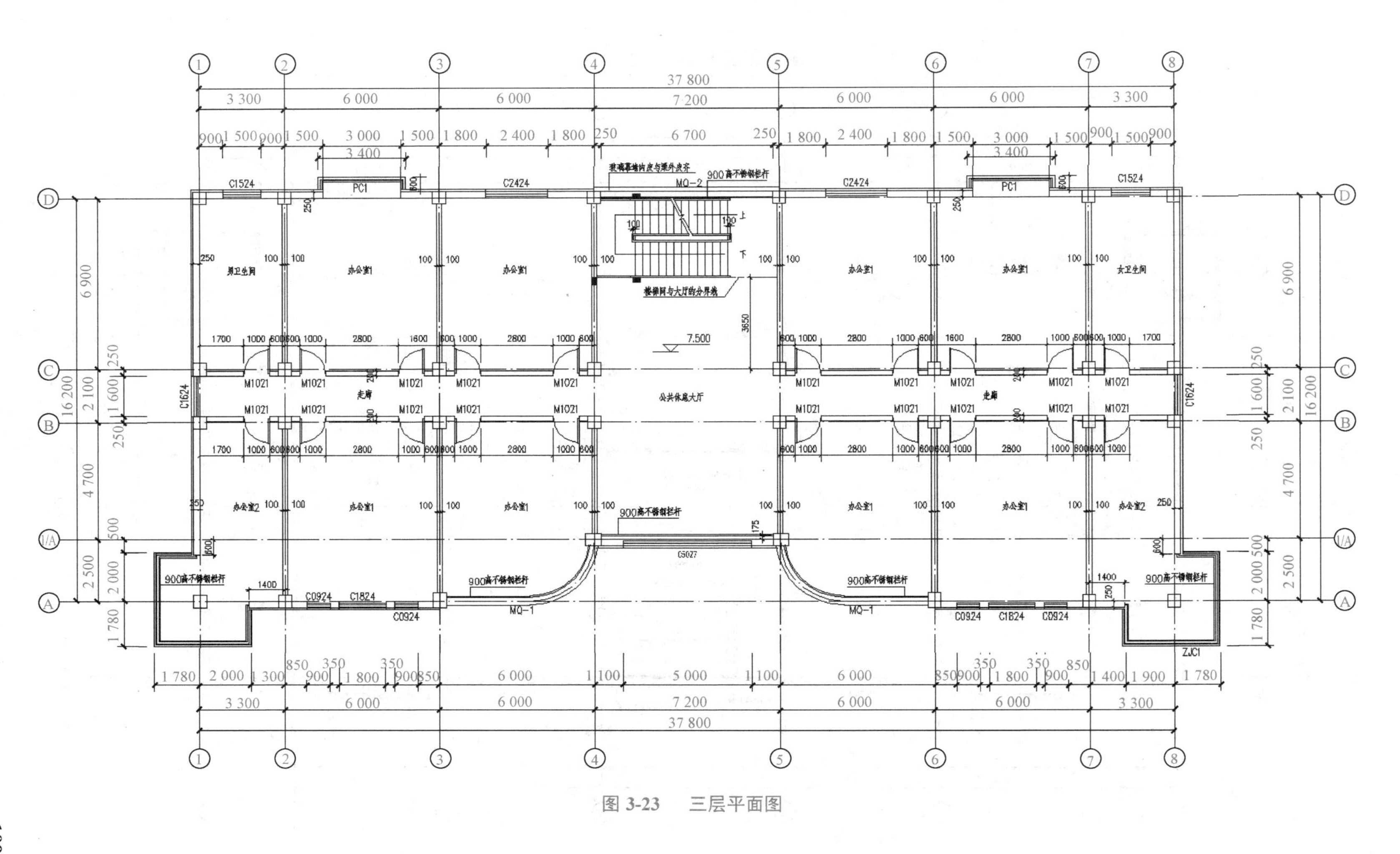

37 800
7 200
16 200
6 900
2 100
4 700
2 500
男卫生间
女卫生间
办公室1
办公室2
走廊
公共休息大厅
7.500
900高不锈钢栏杆
楼梯间与大厅的分界线
MQ-1
MQ-2
C1624
C1524
C2424
C1824
C0924
C5027
PC1
ZJC1
M1021

图 3-23 三层平面图

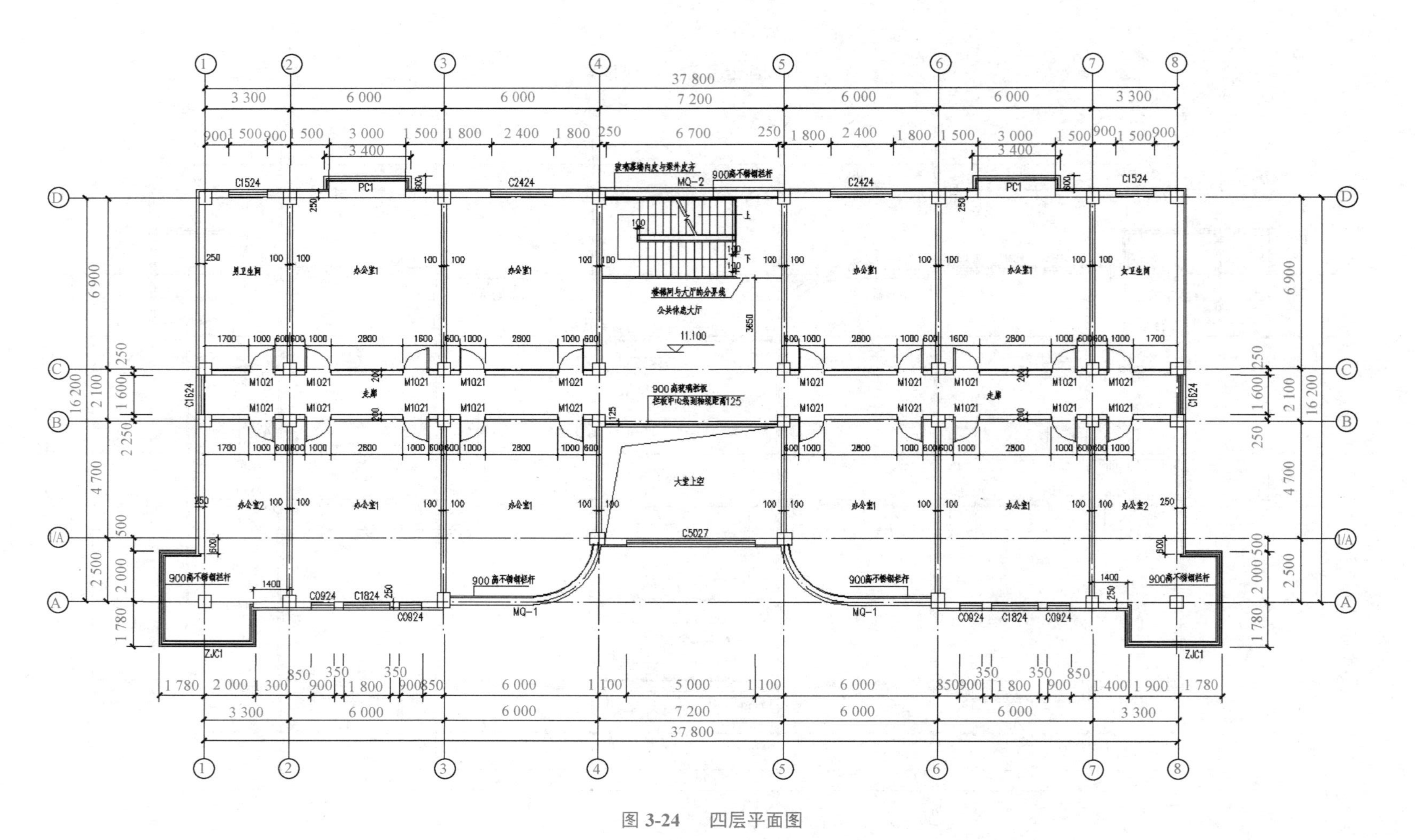

1
2
3
4
5
6
7
8
A
1/A
B
C
D
37 800
7 200
6 000
3 300
16 200
6 900
2 100
4 700
2 500
C1524
PC1
C2424
MQ-2
900高不锈钢栏杆
男卫生间
办公室1
女卫生间
公共休息大厅
11.100
M1021
走廊
C1624
大堂上空
办公室2
C5027
MQ-1
C0924
C1824
ZJC1

图 3-24　四层平面图

学习笔记

项目 4

建筑立面图的绘制

任务 1　建筑立面图概述

知识目标

1. 熟悉建筑立面图的组成及图示内容；
2. 熟悉建筑立面图的命名方式；
3. 掌握建筑立面图的绘制过程；
4. 了解建筑立面图绘制的注意事项。

视频：建筑立面图概述

能力目标

能够掌握建筑立面图的组成、命名方式及绘制过程。

素养目标

培养学生的资料收集与查阅能力，以及严谨规范的作图习惯和责任意识。

建筑立面图是指用正投影法对建筑各个外墙面进行投影所得到的正投影图。与平面图一样，建筑的立面图也是表达建筑物的基本图样之一，它主要反映房屋的体型与外貌、门窗的形式与位置、墙面的材料和装修做法(线脚、壁柱，墙面分割等)，是施工的重要依据。

1.1 建筑立面图的组成及图示内容

建筑立面图应将立面上所有看得见的细部都表现出来，但通常立面图的绘图比例较小，如门窗、阳台栏杆、墙面复杂的装饰等细部往往只用图例表示，它们的构造和做法，都应另有详图或文字说明。因此，习惯上往往对这些细部只分别画出一两个作为代表，其他都可以简化，只需画出轮廓线即可。

1. 定位轴线

在立面图中，一般只标出首尾轴线及编号，并应与平面图一致，以便与平面图对照确定立面图的观看方向。

2. 立面图中的图线

为了层次分明，增强立面效果，建筑立面图中共涉及四中宽度的图线，见表 4-1。

表 4-1　建筑立面图的图线

立面图线型		
线型	线宽	用途
特粗实线	$1.4b$	地坪线(标准中未作规定，一般习惯应用 $1.4b$)
粗实线	B	立面图的外轮廓线
中实线	$0.5b$	建筑构配件的轮廓线(雨篷、阳台、门窗洞口、窗台、台阶、柱等)
细实线	$0.25b$	图例填充线、纹样线等(门窗、墙面分格线、落水管、材料符号及文字说明的引出线)

3. 尺寸标注

(1)竖直方向：标注主要部位标高，如室内外地坪、各楼层面、檐口、窗台、窗顶、阳台面、雨篷顶等，一般也可以在竖向标注三道尺寸线(高度方向总尺寸、层高尺寸、细部尺寸)。

(2)水平方向：立面图水平方向一般不标注尺寸，只需标出首尾轴线及轴号。

标高符号应以等腰直角三角形表示，标高符号尖端应指至被标注高度的位置，尖端宜向下。标高数字以米为单位，注写到小数点后三位。

4. 外墙装修做法

外墙面根据设计要求可以选用不同的材料及做法，在图面上，一般引出文字说明或是索引出相关图集内的做法[可参照《外墙外保温建筑构造》(10J121)]。

5. 门窗样式及开启方式

门窗开启线规定是从室外的方向来观察门窗的，表达形式有以下几种，见表 4-2。

表 4-2　立面窗的表达形式

立面窗的表达形式				
内平开窗		外平开窗		推拉窗
内左开	内右开	外左开	外右开	
注：开启线交叉的位置是门窗转动轴所在的位置。				

6. 索引符号与详图符号

外墙身详图的剖线索引号可以标注在立面图上，如可标注在剖面图上，以表达清楚，易于查找详图为原则，索引形式如图 4-1、图 4-2 所示。

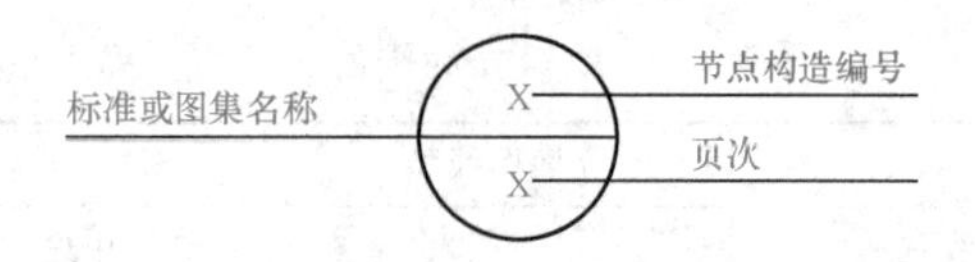

图 4-1　规范或图集的索引

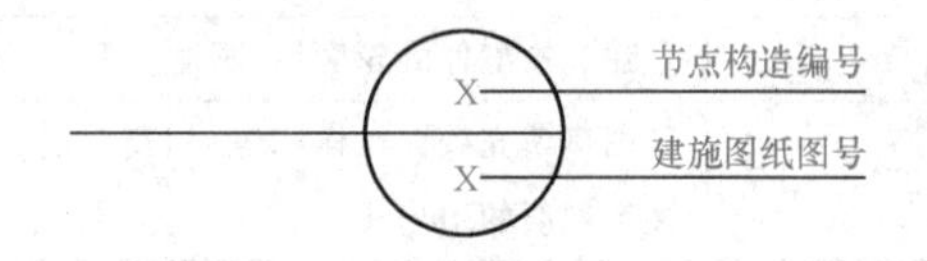

图 4-2　详图的索引

7. 比例

立面图的比例可不与平面图一致，以能表达清楚又方便看图(图幅不宜过大)为原则，比例宜在 1∶100、1∶150 或 1∶200 之间选择。

8. 建筑立面图的命名方式

建筑立面图的命名方式有三种。有定位轴线的建筑物一般以首尾轴线进行命名，如图 4-3 所示。

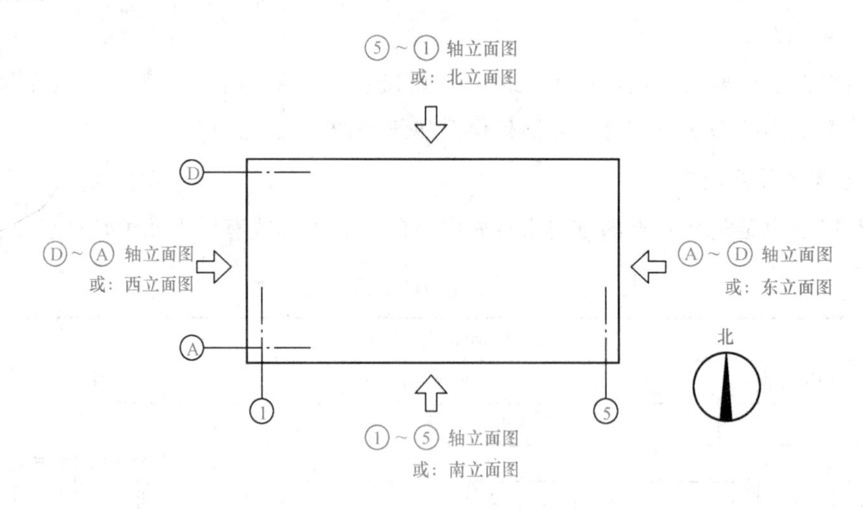

图 4-3　建筑立面图的命名

(1)用建筑朝向命名。建筑物的某个立面面向的方向，就称为那个方向的立面图。如南立面图、北立面图。

(2)用建筑平面图的首尾轴号进行命名。按照观察者面向建筑物从左至右的轴线命名，如①～⑧立面图。

(3)按照建筑物的特征命名。一般称为正立面图、侧立面图、背立面图等。其中，建筑主要出入口所在立面为正立面图。

1.2 建筑立面图的绘制过程

用 AutoCAD 绘制建筑立面图的主要绘图过程如下：

(1)创建图层，如建筑轮廓层、轴线层、门窗层、标注层等。

(2)绘图环境设置，设置图形界限。

(3)将建筑平面图引入到当前图形中，或打开已经绘制好的建筑平面图，将其另存为一个文件，以此为基础绘制立面图。

(4)绘制建筑物的竖向投影线，绘制地坪线、屋顶线等，构成建筑物的主要轮廓。

(5)利用投影线形成各层门窗洞口线。

(6)绘制门窗、墙面细节，如阳台、窗台及楼梯等。

(7)标注尺寸。

(8)书写文字。

(9)插入标准图框，并以绘图比例的倒数缩放图框。

1.3 建筑立面图的绘制要点

在绘制建筑立面图的过程中，应注意以下几点：

(1)与平面图中相关内容对应。建筑立面图的绘制离不开建筑平面图，在绘制建筑立面图的过程中，应随时参照平面图中的内容来进行，如门窗、楼梯等设施在立面图中的位置都要与平面图中的位置相对应。

(2)应把投影方向可见的建筑外轮廓、门窗、阳台、雨篷、线脚等绘出。细部花饰可简绘，轮廓标注索引号另见详图。如遇前后立面重叠时，前者的外轮廓线宜向外加粗，以示区别。立面的门窗洞口轮廓线宜粗于门窗和粉刷分格线，使立面更有层次、更清晰。

(3)立面图上应绘出在平面图无法表示清楚的窗、进排气口等，并注尺寸及标高，还应绘出附墙雨水管和爬梯等。

(4)立面图中应标明平面图、剖面图中未表示的标高或高度，标注关键控制性标高，其中总高度即自室外地坪至平屋面檐口上皮或女儿墙顶面的高度，坡顶房屋标注檐口及屋脊高度(防火规范规定坡顶房屋按室外地面至建筑屋檐和屋脊的平均高度计算)；同时应注出外墙留洞、室外地坪、屋顶机房等标高。

(5)外墙身详图的剖线索引号可以标注在立面图上，也可以标注在剖面图上，以表达清楚，易于查找详图为原则。

(6)外立面墙体用料、颜色等直接标注在立面图上，或用文字索引通用“工程做法”。立面分格应绘清楚，线脚宽度、做法宜注明或绘节点详图。当立面分格较复杂时，可将立面分格及外装修做法另行出图，以方便主体工程施工和外装修工程施工所需尺寸的表达清晰。

课后任务

识读立面图并完成习题，如图 4-4 所示。

(1)该立面图的绘图比例为________。

(2)墙面的材质分别为________。

(3)立面的外轮廓线用________线表示。

(4)室外地坪线用________线表示。

(5)室外地坪标高为________m。

(6)建筑层高分别为________m。

(7)窗的开启方式是________。

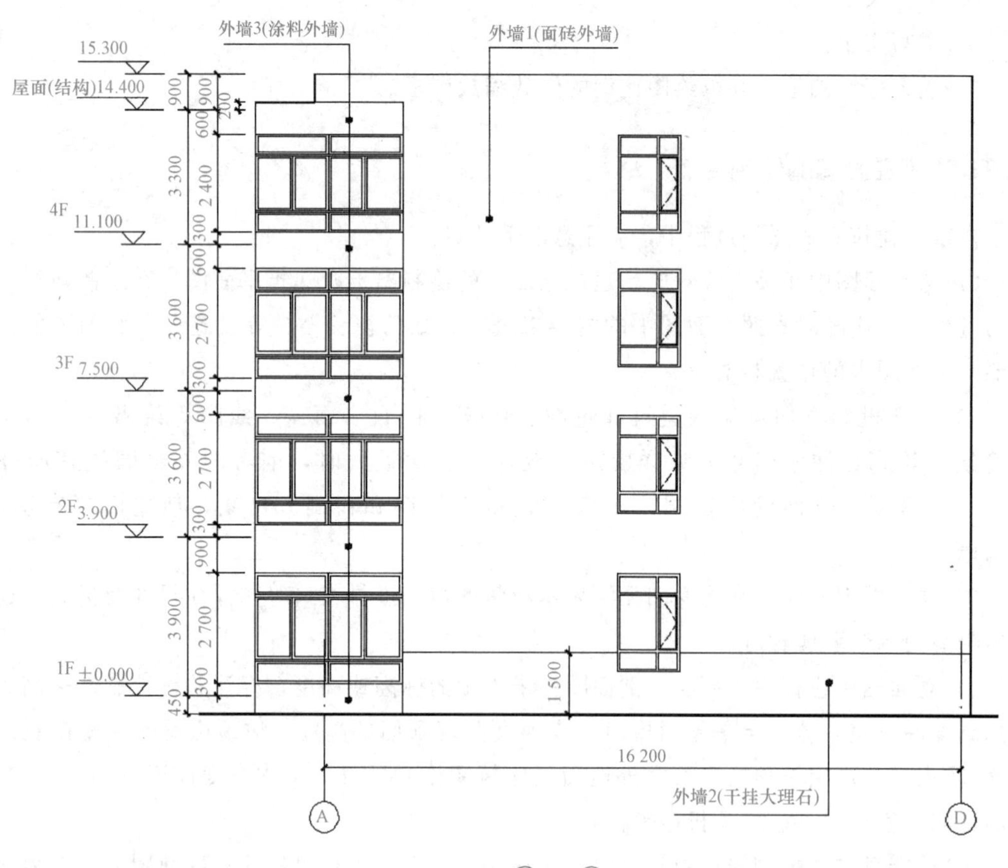

图 4-4 Ⓐ～Ⓓ轴立面图

任务2 ①～⑧轴立面图的绘制

绘制任务

绘制①～⑧轴立面图，如图4-5所示。

知识目标

1. 掌握建筑立面图绘图环境设置方法；
2. 掌握建筑立面图轮廓线、门窗洞口线绘制方法；
3. 掌握建筑立面图门窗的绘制方法；
4. 掌握建筑立面图的标注方法等。

能力目标

能够熟练掌握建筑施工立面图的绘制，并能够按照制图规范的要求独立完成建筑施工立面图的绘制。

素养目标

培养学生的职业道德和工匠精神，强化其民族自豪感与文化认同感，建立规范制图意识。

视频：建筑立面图绘制(一)

视频：建筑立面图绘制(二)

视频：建筑立面图绘制(三)

2.1 绘图环境设置

执行菜单栏“格式”→“图形界限”命令(或输入LIM快捷键)，设置图形界限为59 400×42 000(A2×100)(具体步骤参见“项目1任务8绘图界限和单位设置”)。

执行菜单栏“格式”→“线型”命令，在弹出的“线型管理器”对话框中设置全局比例因子为1∶100。

执行菜单栏“格式”→“图层”命令，在弹出的“图层特性管理器”对话框中(或输入LA快捷键)创建以下图层(表4-3)。

注意：在绘制不同的对象时，应切换到相应的图层。

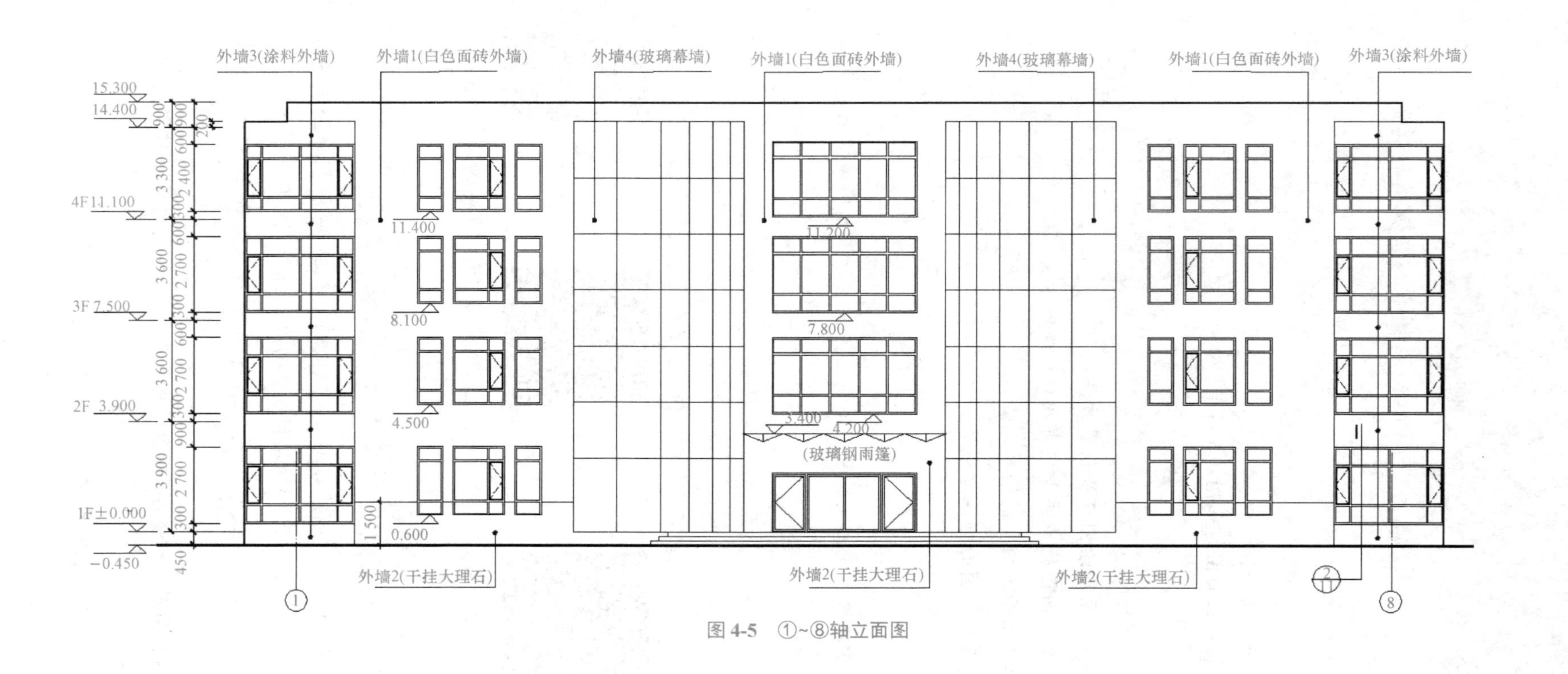
外墙3(涂料外墙)
外墙1(白色面砖外墙)
外墙4(玻璃幕墙)
外墙1(白色面砖外墙)
外墙4(玻璃幕墙)
外墙1(白色面砖外墙)
外墙3(涂料外墙)
15.300
14.400
4F 11.100
3F 7.500
2F 3.900
1F ±0.000
-0.450
11.400
8.100
4.500
0.600
11.200
7.800
3.400
4.200
(玻璃钢雨篷)
1 500
3 300
3 600
3 600
3 900
450
外墙2(干挂大理石)
外墙2(干挂大理石)
外墙2(干挂大理石)

图 4-5 ①~⑧轴立面图

表 4-3　立面图的图层

图层名称	颜色	线型	线宽
轴线	红色	CENTERX2	默认
地坪	白色	Continuous	1 mm
轮廓	白色	Continuous	0.7 mm
门窗	黄色	Continuous	默认
标注	绿色	Continuous	默认
台阶	黄色	Continuous	默认
文字	白色	Continuous	默认

2.2 绘制定位辅助线

确定定位辅助线，包括墙、柱定位轴线、楼层水平定位辅助线及其他立面图样的辅助线。打开已绘制完毕的一层平面图、标准层平面图，将其复制到建筑立面图中，进行立面辅助线的绘制，完成情况如图 4-6 所示。

视频：绘制辅助线

注意：也可按照平面图的尺寸直接用直线绘制。

图 4-6　立面图定位辅助线的绘制

绘制步骤如下：

(1)调整图层为地坪，输入 PL，执行“多段线”命令，绘制地坪线。

(2)调整图层为轴线，输入 L，执行“直线”命令，将①轴、⑧轴分别投射至地坪线，同时将平面图中的起始轴号复制至立面图下方(或用直线命令绘制出①轴，再用“偏移”命令偏移出⑧轴)。

(3)在地坪处绘制一条横向辅助线，将辅助线向上进行偏移。输入 O，执行“偏移”命令，输入偏移距离 450，室内标高线偏移完成，接下来分别偏移 3 900、3 600、3 600、3 300、900，得到各层标高线及屋顶线。

2.3 绘制立面图轮廓线

绘制建筑主要轮廓线，竖向轮廓线由平面图进行投影，横向轮廓线按照建筑标高进行绘制，完成情况如图 4-7 所示。

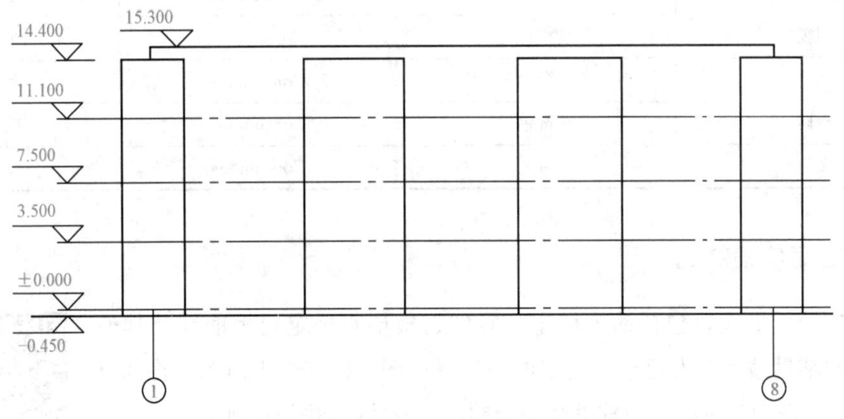

图 4-7 绘制建筑物的轮廓线

(1)投影建筑竖向轮廓线。输入 L，执行“直线”命令，投影建筑的竖向轮廓线(或按照平面图尺寸进行偏移形成竖向轮廓线)。

(2)输入 Tr，执行“修剪”命令，将外轮廓线进行修剪并调整图层为轮廓线，得到立面轮廓线。

2.4 绘制门窗洞口线

利用投影线形成各层门窗洞口线，如图 4-8 所示(**注意**：可以绘制中心线左半部分，利用镜像命令完成右半部分)。以左侧的 C1824 为例进行绘制。

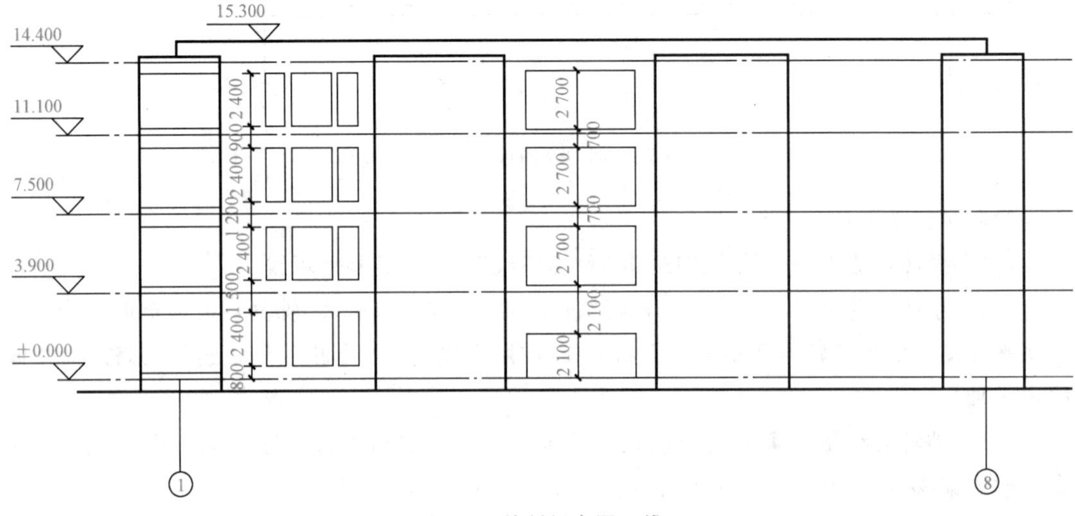

图 4-8 绘制门窗洞口线

(1)输入 L，执行“直线”命令，将 C1824 的竖向投影线绘制完成。

(2)输入 O，执行“偏移”命令，按照相应尺寸进行横向辅助线的偏移，将窗的高度进行定位(一般同一层的窗高度相同，绘制时注意观察窗的尺寸，同一高度的窗不要重复偏移横向辅助线)。

(3)将图层调整至“门窗”，输入 Rec，执行“矩形”命令，将辅助线形成的窗洞用矩形绘制完成，删除窗洞口辅助线，完成窗洞绘制[或运用“修剪”命令(TR)将窗洞修剪，完成窗洞绘制]，其他型号窗洞按照以上步骤绘制。

2.5 创建门、窗、阳台立面图块

门、窗、阳台立面图一般以图块插入(在立面图中，窗户都应符合国家标准，一般可以提前绘制好一定模数的窗，保存成块，绘制立面图的过程中直接插入即可)。细部尺寸如图 4-9 所示。

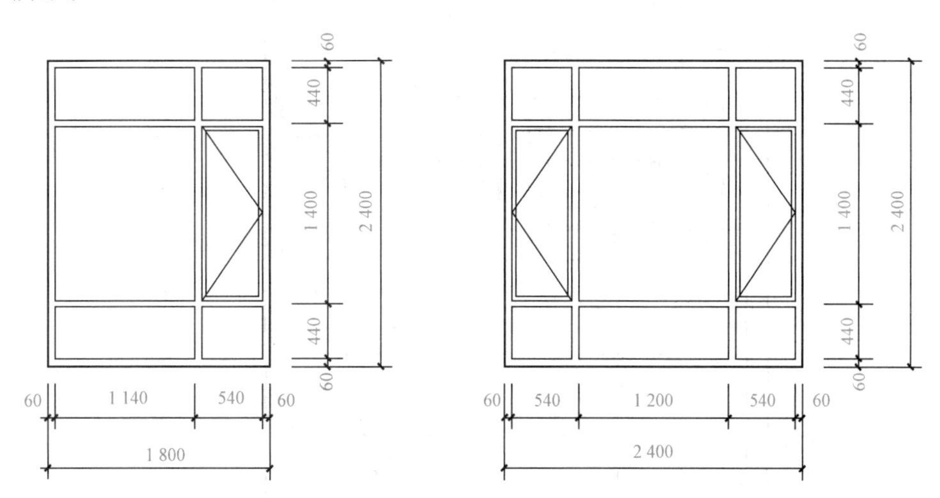

图 4-9 窗户细部尺寸

门窗图块绘制过程(以 C1824 为例)如下：

(1)使用“矩形”命令(REC)绘制长宽为 1 800×2 400 的矩形。

(2)使用“偏移”命令(O)将轮廓向内偏移 60。

(3)使用“分解”命令(X)将矩形分解为 4 条直线，分别将直线按照相应尺寸进行偏移，用 TR“修剪”命令将多余线条修剪。完成窗详图绘制。

(4)输入 B，弹出“块定义”对话框，块名输入为窗的编号(C1824)，单击“拾取点”选择窗的一个角点，单击选择对象框选窗详图，单击“确定”按钮，该型号窗图块创建完成。

(5)输入 W，弹出“写块”对话框，将块保存至本地。

(6)插入门、窗、阳台立面图块。

使用“插入”命令(I)插入已经创建好的门、窗、阳台立面图块(图块插入参见“项目 2 任务 5　窗块的绘制”)，如图 4-10 所示。

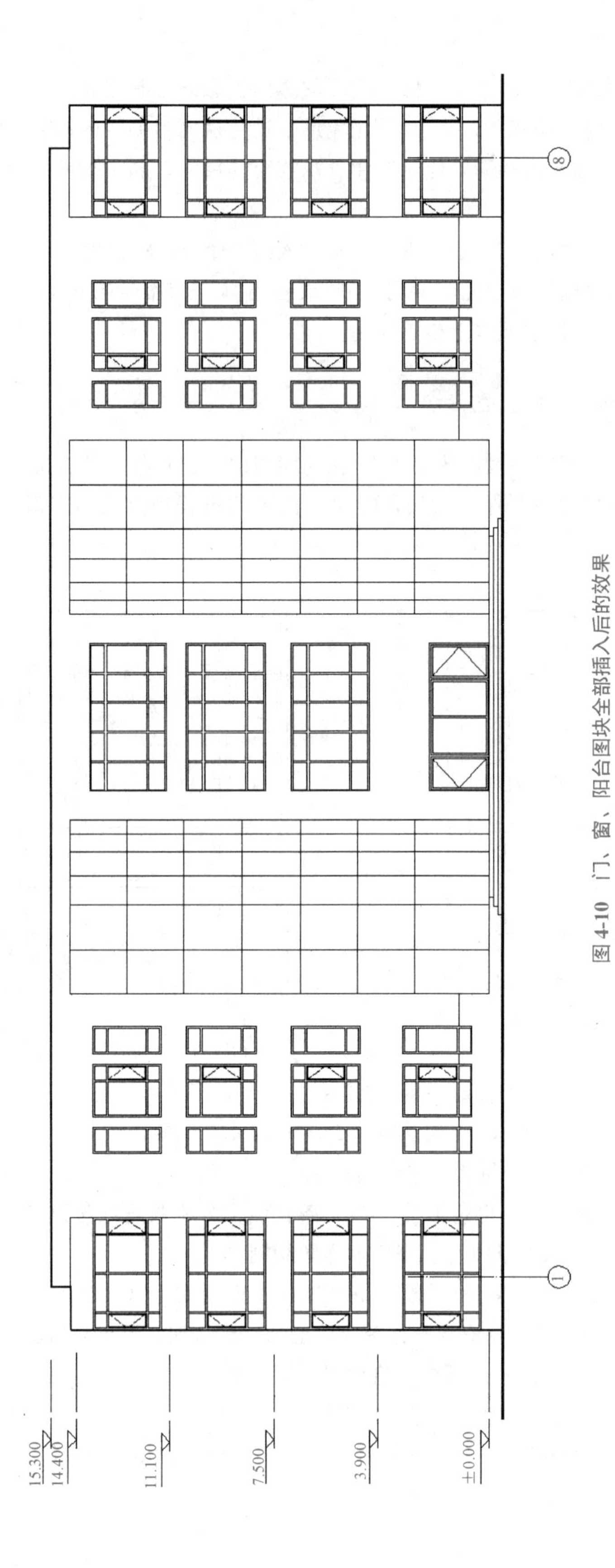

图 4-10 门、窗、阳台图块全部插入后的效果

2.6 绘制台阶

绘制主入口处的台阶，由平面图绘制竖直投影线，定位台阶踏步；使用“直线”命令绘制一个高150、宽300的踏步，并将踏步复制(CO)两次，将绘制完成的踏步运用“镜像”命令(MI)绘制完成，如图4-11所示。

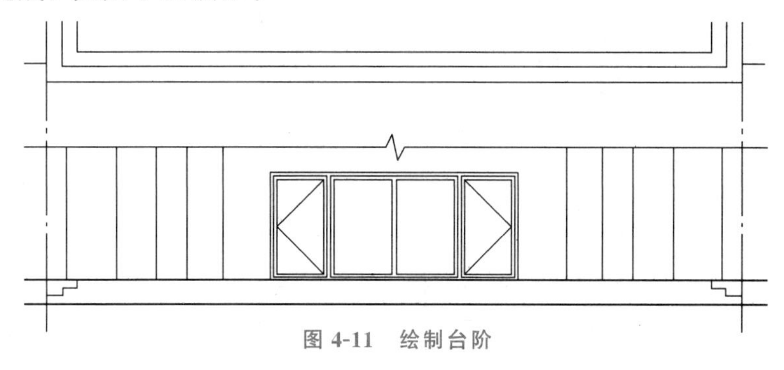

图4-11　绘制台阶

2.7 立面图标注

立面图的标注主要包括高度方向的尺寸标注、标高标注、文字标注等。

1. 尺寸标注

竖向标注主要部位标高，水平方向一般不标注尺寸，只需标出首尾轴线及轴号，具体绘制步骤参见“项目2任务4　篮球场的标注”。

2. 标高标注

立面图的标高一般需标注出室内外地面标高、门窗洞口标高、层高标高等，标高符号的绘制参见“项目2任务7　建筑符号的绘制”。

标注步骤：

(1)将需要标注标高的部位绘制出水平辅助线。

(2)在水平辅助线上分别插入标高图块(标高以米为单位，保留到小数点后3位)。

3. 文字标注

图名、文字等用单行文字或多行文字插入即可，详细步骤参见“项目2任务9 文字和表格”。在进行文字引注时要注意引注直线端部的黑色圆点的绘制，一般用圆环命令(DO)绘制，绘制步骤：输入DO，执行“圆环”命令，指定圆环内径为0，圆环外径为200，在相应部位绘制即可。

2.8 插入图框

打开绘制的A2样板文件，使用“缩放”命令(SC)缩放图框，缩放比例为100，然后将立面图布置在图框中，结果如图4-12所示。

保存图形。该文件将用于绘制剖面图。

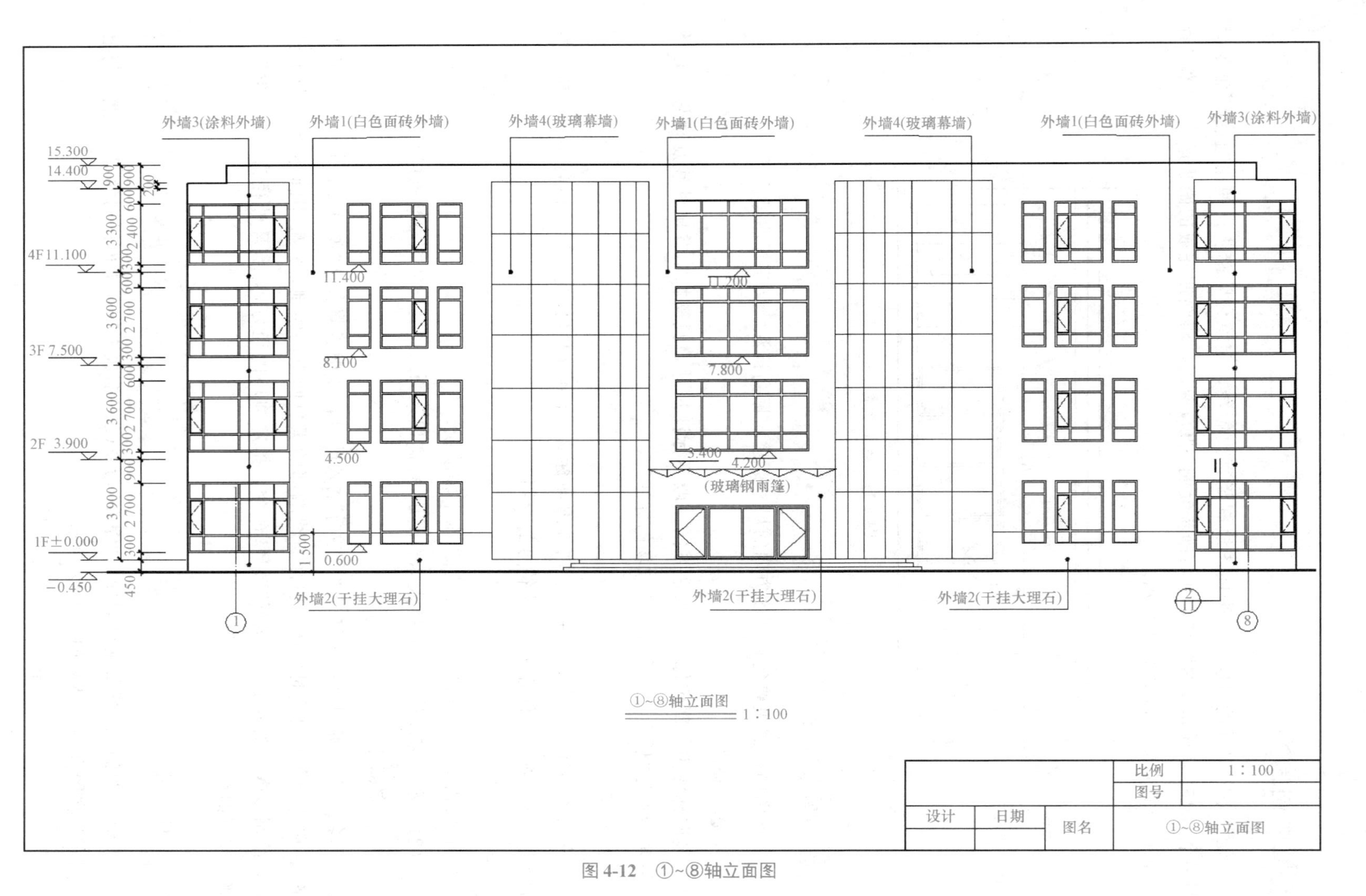
外墙3(涂料外墙)
外墙1(白色面砖外墙)
外墙4(玻璃幕墙)
外墙1(白色面砖外墙)
外墙4(玻璃幕墙)
外墙1(白色面砖外墙)
外墙3(涂料外墙)
15.300
14.400
4F 11.100
3F 7.500
2F 3.900
1F ±0.000
−0.450
11.400
8.100
4.500
0.600
1 500
11.200
7.800
3.400
4.200
(玻璃钢雨篷)
外墙2(干挂大理石)
外墙2(干挂大理石)
外墙2(干挂大理石)
①~⑧轴立面图 1 : 100
比例 1 : 100
图号
设计
日期
图名
①~⑧轴立面图

图 4-12　①~⑧轴立面图

课后任务

1. 绘制立面窗详图(图 4-13)。

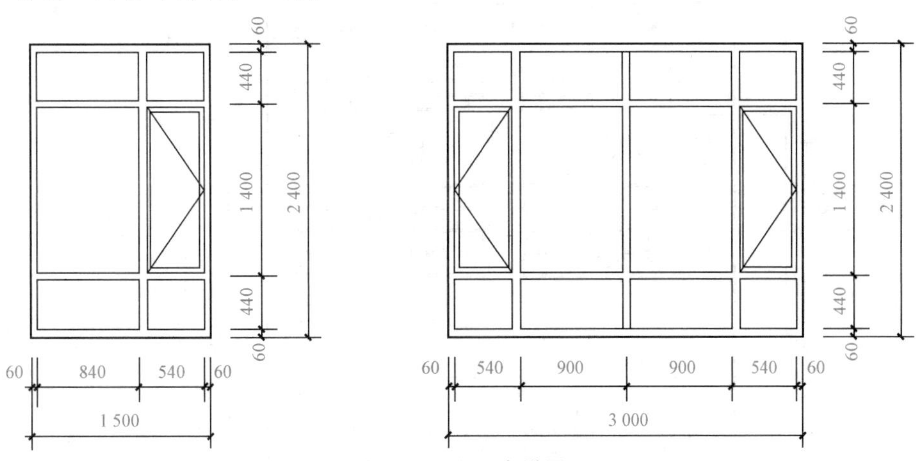

图 4-13 立面窗详图

2. 仿照①～⑧轴立面图的绘制过程，绘制Ⓓ～Ⓐ轴立面图(图 4-14)、Ⓐ～Ⓓ轴立面图(图 4-4)、⑧～①轴立面图(图 4-15)。

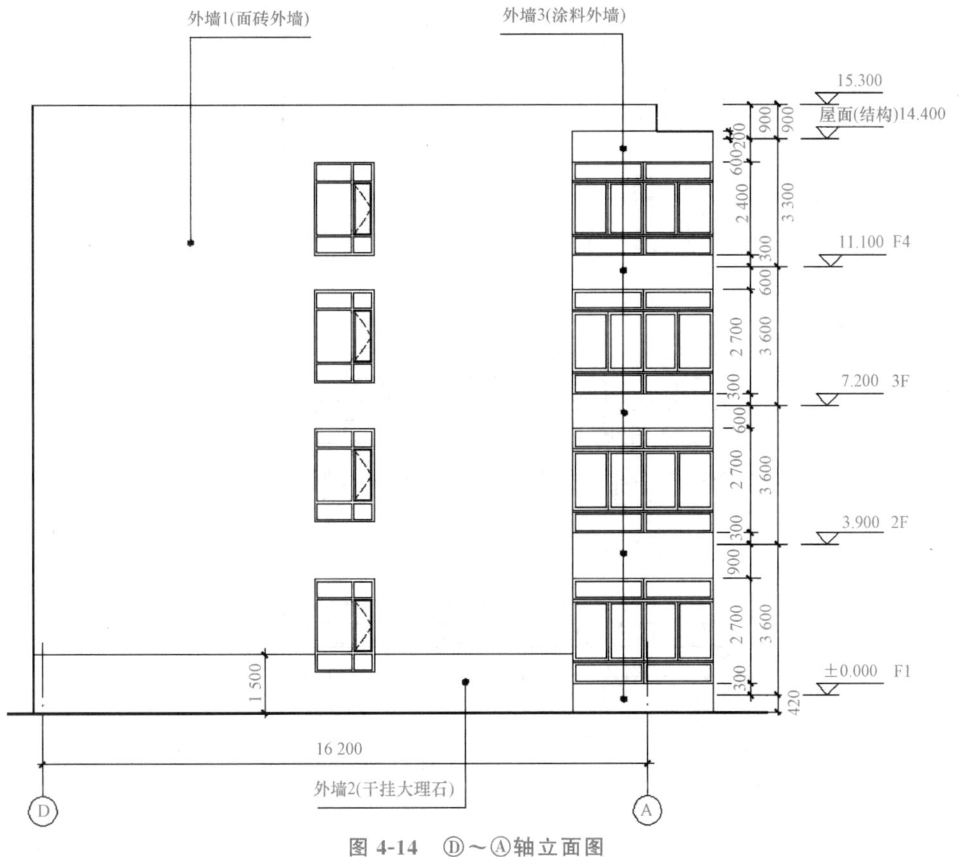

图 4-14 Ⓓ～Ⓐ轴立面图

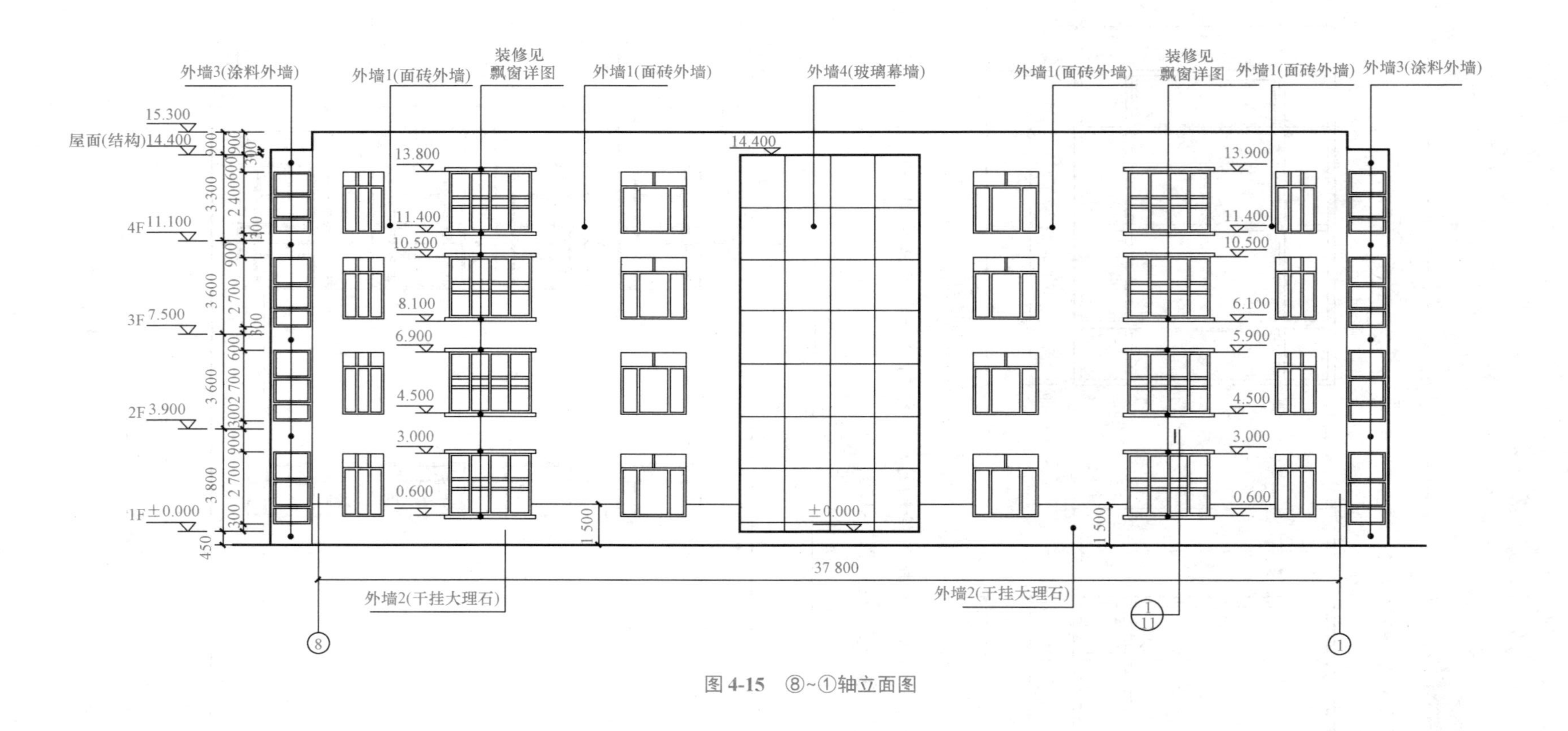
外墙3(涂料外墙)
外墙1(面砖外墙)
装修见
飘窗详图
外墙1(面砖外墙)
外墙4(玻璃幕墙)
外墙1(面砖外墙)
装修见
飘窗详图
外墙1(面砖外墙)
外墙3(涂料外墙)
15.300
屋面(结构)14.400
4F 11.100
3F 7.500
2F 3.900
1F ±0.000
13.800
11.400
10.500
8.100
6.900
4.500
3.000
0.600
14.400
±0.000
13.900
11.400
10.500
6.100
5.900
4.500
3.000
0.600
1 500
1 500
37 800
外墙2(干挂大理石)
外墙2(干挂大理石)
8
1
1
11
450

图 4-15　⑧~①轴立面图

学习笔记

项目 5 建筑剖面图的绘制

任务 1　建筑剖面图

知识目标

1. 了解建筑剖面图的组成；
2. 掌握建筑剖面图的绘制过程；
3. 掌握建筑剖面图的绘制要点。

能力目标

能够学会建筑剖面图的组成、绘制过程及绘制要点。

素养目标

培养学生的资料收集与查阅能力及严谨规范的作图习惯、责任意识，以及工匠精神。

建筑剖面图一般是指建筑物的垂直剖面图，为表明房屋内部垂直方向的主要结构，假想用一个平行于正立投影面或侧立投影面的竖直剖切面将建筑物垂直剖开，移去处于观察者和剖切面之间的部分，把余下的部分向投影面投射所得投影图，称为建筑剖面图，简称剖面图，如图 5-1 所示。

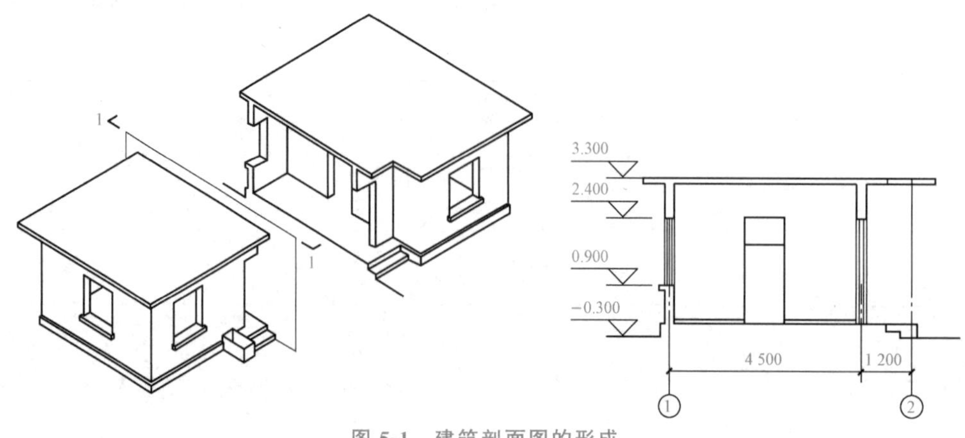

图 5-1　建筑剖面图的形成

1.1 建筑剖面图的组成

建筑剖面图主要表示建筑物垂直方向的内部构造和结构形式，反映房屋的层次、层高、楼梯、结构形式、层面及内部空间关系等。它与建筑平面图、立面图相配合，是建筑施工图中不可缺少的重要图样之一。

建筑剖面图的剖切位置和数量要根据房屋的具体情况和需要表达的部位来确定。剖切位置应选择在内部结构和构造比较复杂或有代表性的部位。剖面图的图名和投影方向应与底层平面图上的标注一致。

建筑剖面图主要应表示出建筑物各部分的高度、层数和各部位的空间组合关系，以及建筑剖面中的结构、构造关系、层次和做法等。建筑剖面图主要包括以下内容。

1. 剖面图名称

剖面图的图名应于底层平面图上所标注剖切符号的编号一致。例如，“1—1 剖面图”“2—2 剖面图”等。

2. 墙、柱、轴线及编号

在剖面图中，一般只标出图两端的轴线及编号，其编号应与平面图一致。

3. 建筑物被剖切到的各构配件

室内外地面(包括台阶、明沟及散水等)、楼面层(包括吊顶棚)、屋顶层(包括隔热通风层、防水层及吊顶棚)；内外墙及其门窗(包括过梁、圈梁、防潮层、女儿墙及压顶)；各种承重梁和联系梁、楼梯梯段及楼梯平台、雨篷、阳台及剖切到的孔道、水箱等的位置、形状及其图例。一般不画出地面以下的基础。

4. 建筑物未被剖切到的各构配件

未剖切到的可见部分，如看到的墙面及其凹凸轮廓、梁、柱、阳台、雨篷、门、窗、踢脚、勒脚、台阶(包括平台踏步)、雨水管，以及看到的楼梯段(包括栏杆、扶手)和各种装饰等的位置和形状。

5. 竖直方向的线性尺寸和标高

线性尺寸主要有外部尺寸：门窗洞口的高度；内部尺寸：隔断，洞口、平台等的高度。标高应包含底层地面标高，各层楼面、楼梯平台、屋面板、屋面檐口，室外地面等。

1.2 建筑剖面图的绘制过程

用 AutoCAD 绘制建筑剖面图的主要绘图过程如下：

(1)创建图层，如墙体层、楼面层、门窗层、构造层、标注层等。

(2)绘图环境设置，设置图形界限。

(3)将建筑平面图、立面图引入到当前图形中，作为绘制剖面图的辅助图形。

(4)将平面图旋转 90°并放置在合适的位置，从平面图和立面图绘制竖直和水平投影线，修剪多余线条，形成剖面图的主要布局线。

(5)利用投影线形成各层门窗高度线、墙体厚度线和楼板厚度线等。

(6)以布局线为基准绘制未剖切到的墙面细节，如阳台、窗台及墙体等。

(7)标注尺寸。

(8)书写文字。

(9)插入标准图框，并以绘图比例的倒数缩放图框。

1.3 绘制建筑剖面图的绘制要点

1. 找准剖切位置及投影方向

注意底层平面图上的剖切符号，看准其剖切位置及投影方向。

2. 线型正确

建筑剖面图中的实线只有粗实线和细实线两种。被剖切到的墙、柱等构配件用粗实线，其他可见构配件用细实线绘制。

3. 与平面图、立面图中相关内容对应

建筑的平面图、立面图、剖面图相当于物体的三视图，因此，建筑剖面图的绘制离不开建筑平面图、立面图，在建筑剖面图相当于物体的三视图，因此建筑剖面图的绘制离不开建筑平面图、立面图，在建筑剖面图中绘制如门窗、台阶、楼梯等构配件时，应随时参照平面图、立面图中的内容正确各相应构配件的位置及具体的大小尺寸。因此，绘制剖面图必须结合平面图、立面图。

课后任务

识读剖面图并完成习题，如图 5-2 所示。

(1)该剖面图的图名为________。

(2)该剖面图的绘图比例为________。

(3)在________图中，可以查找该剖面图的剖切位置和投射方向。

(4)楼梯栏杆高度为________。

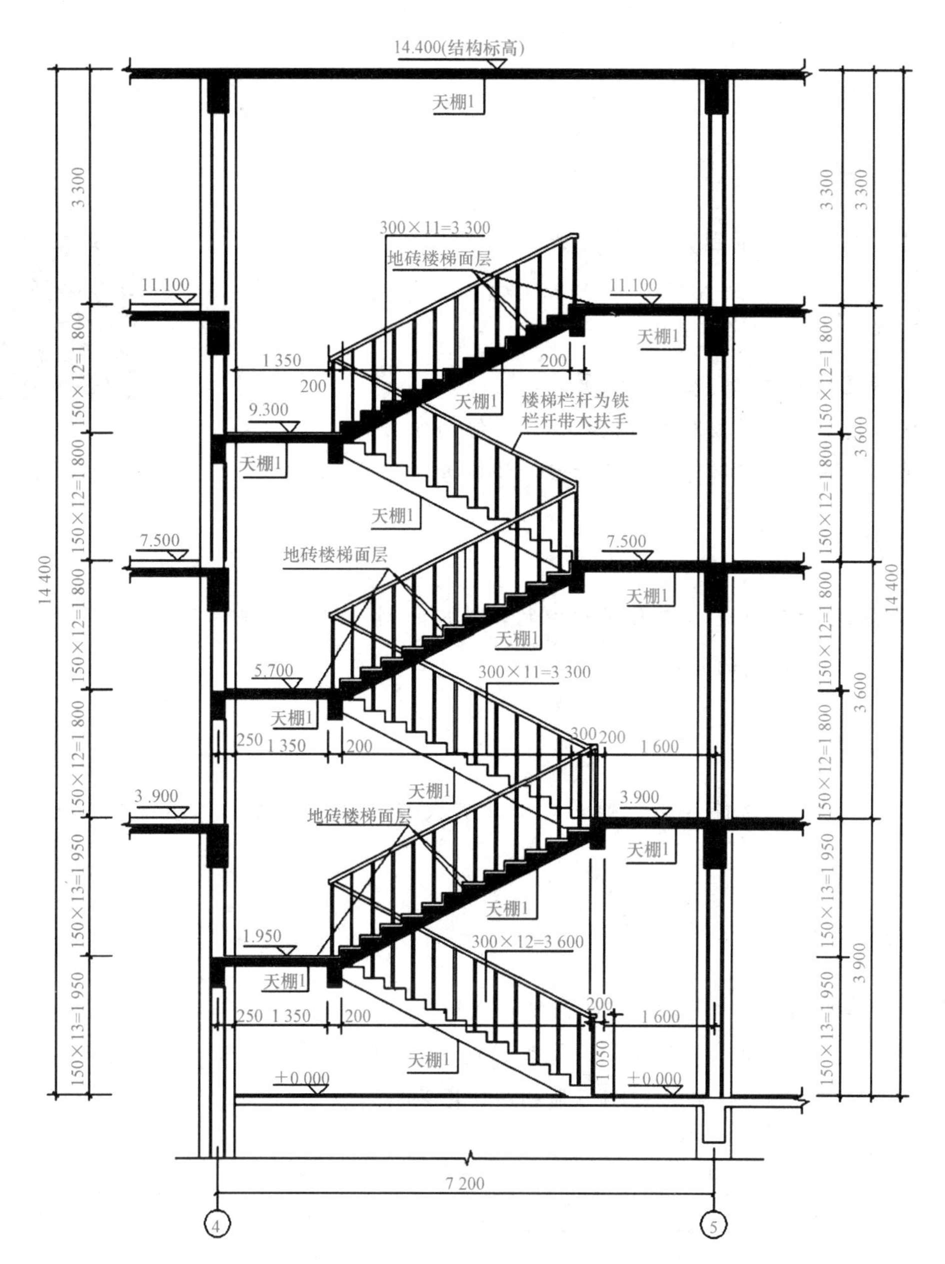

图 5-2　1—1 楼梯剖面详图

任务 2　剖面图的绘制

绘制任务

绘制 1—1 楼梯剖面图，如图 5-2 所示。

视频：建筑剖面图概述及设置绘图环境

知识目标

1. 掌握建筑剖面图绘图环境设置方法；
2. 掌握建筑剖面图辅助线、楼板、梁的绘制方法；
3. 掌握建筑剖面图楼梯梯段及看线的绘制方法。

能力目标

能够熟练掌握建筑施工剖面图的绘制，并按照制图规范的要求独立完成建筑施工剖面图的绘制。

素养目标

培养学生的职业道德和工匠精神，强化其民族自豪感与文化认同感，建立规范制图意识。

2.1 设置绘图环境

执行菜单栏“格式”→“图形界限”命令，设置图形界限 59 400×42 000(A2×100)，设置全局比例因子为 1∶100。创建图层，见表 5-1，当创建不同的对象时，应切换到相应的图层(具体步骤参见“项目 1 任务 8 绘图界限和单位设置”)。

表 5-1　剖面图的图层

图层名称	颜色	线型	线宽
轴线	红色	CENTERX2	默认
墙体	白色	Continuous	0.7 mm
楼板	白色	Continuous	默认
门窗	黄色	Continuous	默认
楼梯	221	Continuous	默认
标注	绿色	Continuous	默认
看线	黄色	Continuous	默认
文字	白色	Continuous	默认

2.2 绘制辅助线

方法一：绘制定位辅助线。可将楼梯平面图、立面图作为绘制剖面图的辅助图形。将楼梯平面图旋转 90°，并布置在合适的位置，从楼梯平面图、立面图绘制竖直及水平投影线，形成剖面图的主要特征，然后绘制剖面图各部分细节。

方法二：单击状态栏中的“正交”按钮或按 F8 键，打开正交状态。将“轴线”层设置为当前层，输入 L，执行“直线”命令，在图幅内适当的位置绘制水平基准线和竖直基准线。使用“偏移”命令(O)绘制水平辅助线，将水平基准线分别偏移 1 950、1 950、1 800、1 800、1 800、1 800、3 300，完成水平辅助线的绘制。使用“偏移”命令(O)绘制竖向辅助线，将竖直基准线偏移 7 200，完成竖向辅助线的绘制，如图 5-3 所示。

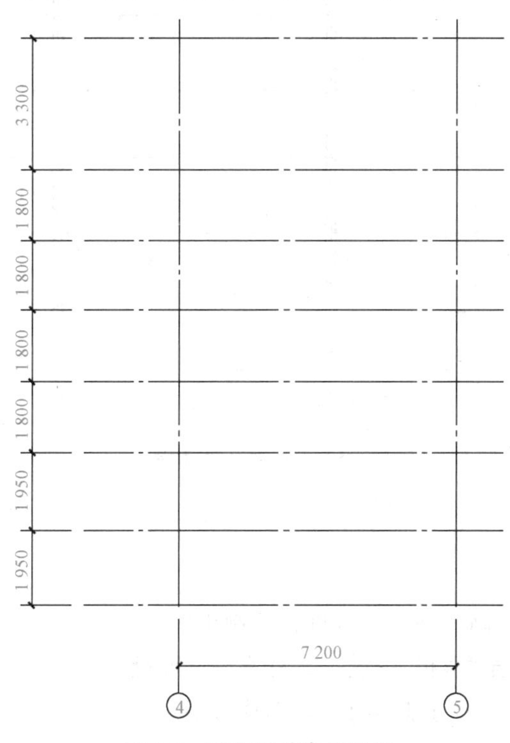

图 5-3　剖面图辅助线绘制

2.3 绘制墙体

将“墙体”层设置为当前层，使用“多线”命令绘制墙体。

(1)设置多线样式，执行菜单栏“格式”→“多线样式”命令，在弹出的“多线样式”对话框中单击“新建”按钮，输入名称 200，单击“确定”按钮，偏移距离为“100、－100”，单击“确定”按钮，200 多线样式设置完成(多线样式具体设置过程参照项目 2 任务 10 10.4 多线及墙体的绘制)。

(2)绘制墙体。打开对象捕捉(A3)，输入 ML，执行“多线样式”命令，修改对正类型为无、比例为 1、当前样式为“200”，捕捉辅助线交点。绘制完成墙体如图 5-4 所示。

注意：还可以利用偏移辅助线的方法绘制墙体，该方法无须设置多线样式，但绘图时速度较慢。

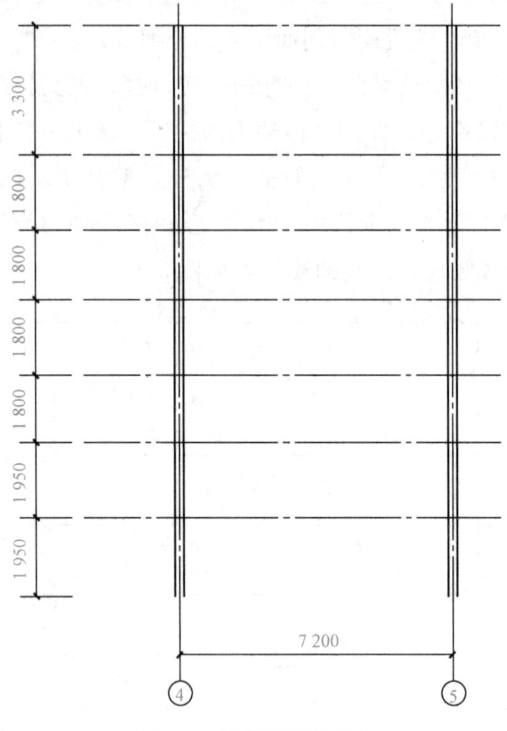

图 5-4　剖面图墙体绘制

2.4 绘制楼板、梁

绘制楼板、梁，以标高 3.900 为例进行绘制讲解。

(1)楼板绘制：切换至“楼板”图层，在标高 3.900 处绘制直线，输入 O，执行“偏移”命令，将直线向下偏移 200，向上偏移 100，形成楼板结构层与面层。

(2)梁绘制：使用“偏移”命令将 3.900 处直线向下偏移 500，绘制出梁底面。输入 O，执行“偏移”命令，输入偏移距离 150，将④轴的轴线分别向左右进行偏移，形成梁左右面。输入 TR，执行“修剪”命令，修剪出楼板与梁，使用“直线”命令绘制剖断线。

(3)填充：输入 H，在弹出的“图案填充”对话框中选择填充图案，单击添加“拾取点”，在楼板与梁的空白处单击后按空格键，将楼板与梁填充为钢筋混凝土，完成标高 3.900 处的楼板与梁的绘制。

(4)其他标高楼板、梁绘制：输入 CO，执行“复制”命令，选择 3.900 处的楼板与梁，选择基点，将其复制到其他层，完成所有楼层楼板与梁的绘制。④轴楼板与梁绘制完成，⑤轴由④轴镜像完成，如图 5-5 所示。

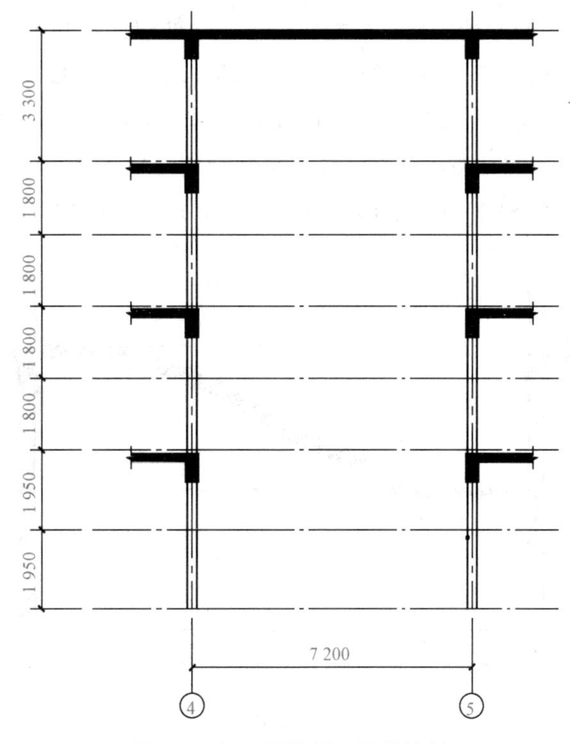

图 5-5 剖面图楼板、梁的绘制

2.5 绘制楼梯段

楼梯剖面分为剖到的楼梯段和看到的楼梯段，在绘制过程中要注意区分这两种楼梯段，一般先绘制剖到的楼梯段再绘制看到的楼梯段。在绘制中一般绘制出一层的楼梯段，其他相同层高的楼梯段进行复制即可。

通过观察 1—1 楼梯剖面详图的楼梯段，可以看出标高 1.950～3.900 的楼梯段为剖切面，在绘制过程中要优先绘制。还可以看出一层层高均为 3 900，二层、三层层高均为 3 600，因此一层楼梯段绘制完成后，还需要绘制出二层楼梯段，将二层楼梯段复制到三层，楼梯剖面绘制完成。

绘制楼梯段的步骤如下。

1. 绘制一层楼梯段

(1)绘制 1.950 标高处的平台梁板。绘制标高 1.950～3.900 的楼梯剖面。调整图层至“楼梯”输入 O，执行“偏移”命令，将标高 1.950 处的水平辅助线分别向下偏移 60、120、400，形成平台梁板外轮廓。将④轴右偏移 1 600 与 200，输入 TR，执行“修剪”命令，将平台梁修剪完成。

(2)绘制剖到梯段。输入 L，执行“直线”命令，指定第一个点为平台梁右上角，绘制 150 的踢面线，继续绘制 300 的踏面线，将绘制好的台阶进行复制(输入 CO，执行复制命令，复制 13 个台阶)，完成剖到楼梯段的绘制。

(3)绘制标高 3.900 处的平台板。绘制标高 3.900 处的楼板和梁。输入 O，执行“偏移”命令，将标高 3.900 辅助线向下偏移 60、120，标高 3.900 处的楼板绘制完成。

(4)其他。输入 L，执行“直线”命令，连接起始踏步的两个点，绘制斜线。输入 O，执行“偏移”命令，将斜线偏移 150，完成梯段外轮廓绘制。输入 TR，执行“修剪”命令，将楼板与梁修剪完成。一层楼梯剖到的楼梯段绘制完成，输入 H，将剖到的楼梯段进行填充，完成后如图 5-6 所示。

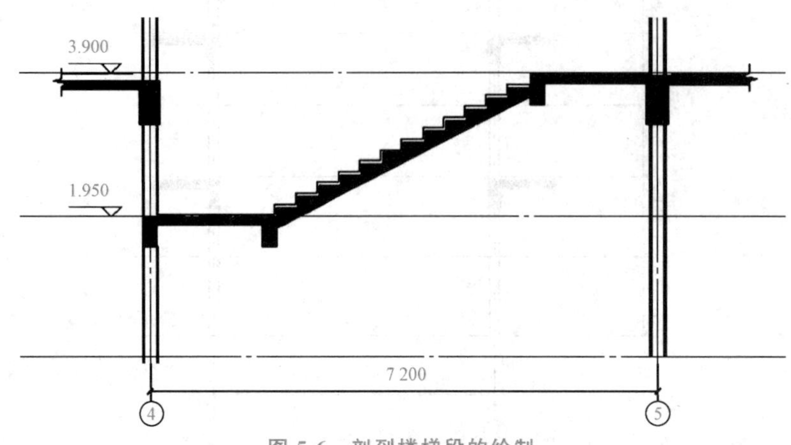

图 5-6　剖到楼梯段的绘制

(5)绘制看到梯段。绘制一层看到的楼梯段。输入 L，执行直线命令，指定第一点，绘制 150 的踢面，绘制 300 的踏面，输入 CO，执行“复制”命令将台阶进行复制。输入 L，执行“直线”命令，连接起始踏步的两个点，绘制斜线。输入 O，执行“偏移”命令，输入偏移距离 150 偏移斜线，完成楼梯段外轮廓绘制，完成结果如图 5-7 所示。

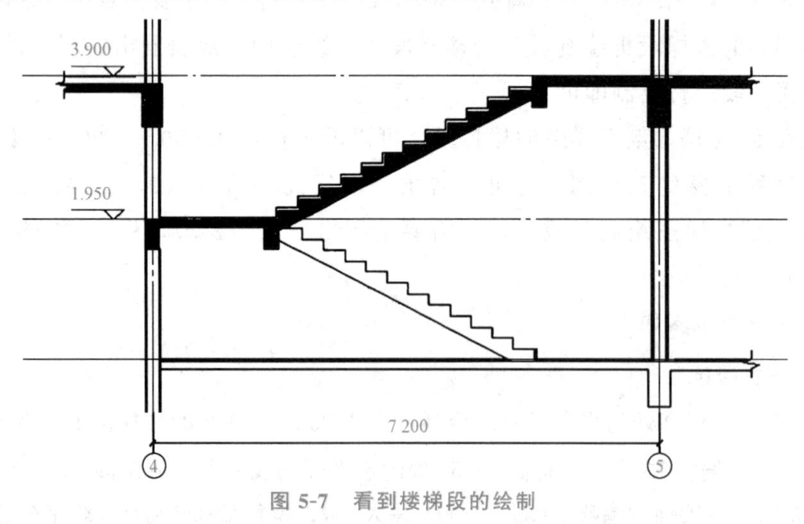

图 5-7　看到楼梯段的绘制

2. 绘制楼梯栏杆

绘制楼梯栏杆的过程中要注意栏杆接头的处理、栏杆与栏杆及栏杆与踏步之间的遮挡。

(1)输入 L，执行“直线”命令，连接起始踏步形成辅助线，将辅助线垂直向上移动

1 050 mm，向下偏移 50 mm，形成栏杆扶手线。

(2)进行栏杆接头处理，将栏杆扶手线分别倒角(CHA)，绘制接头处的平直段，修剪完成，竖向栏杆使用“直线”命令绘制完成即可，如图 5-8 所示。

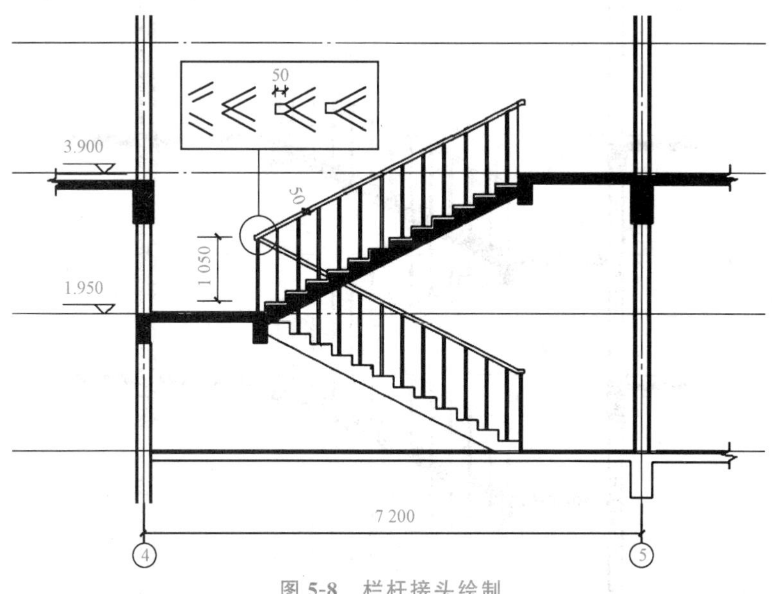

图 5-8　栏杆接头绘制

(3)处理栏杆与栏杆及栏杆与踏步之间的遮挡问题，使用“修剪”命令(TR)将被栏杆遮挡的梯段部位修剪完成，如图 5-9 所示。

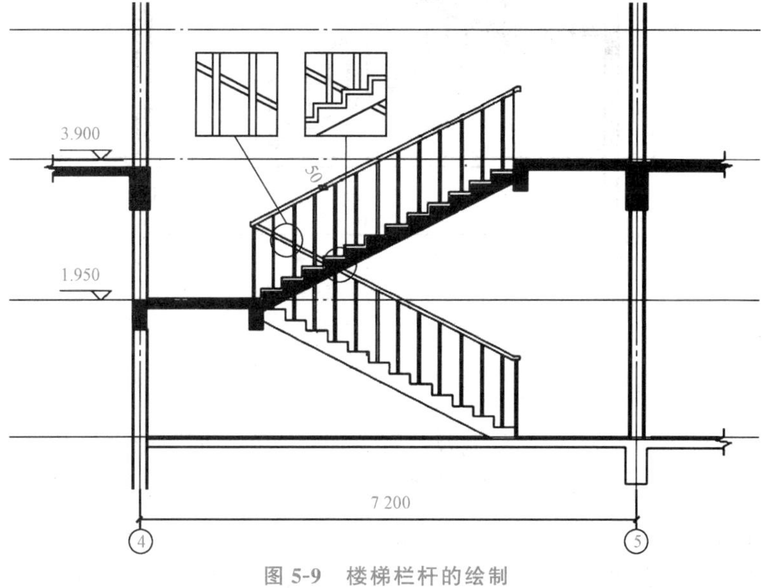

图 5-9　楼梯栏杆的绘制

3. 绘制其他层楼梯

建筑一层层高为 3 900，二层、三层层高为 3 600。因此，需要按照一层楼梯的绘制步骤继续绘制二层，完成后复制至三层，如图 5-10 所示。

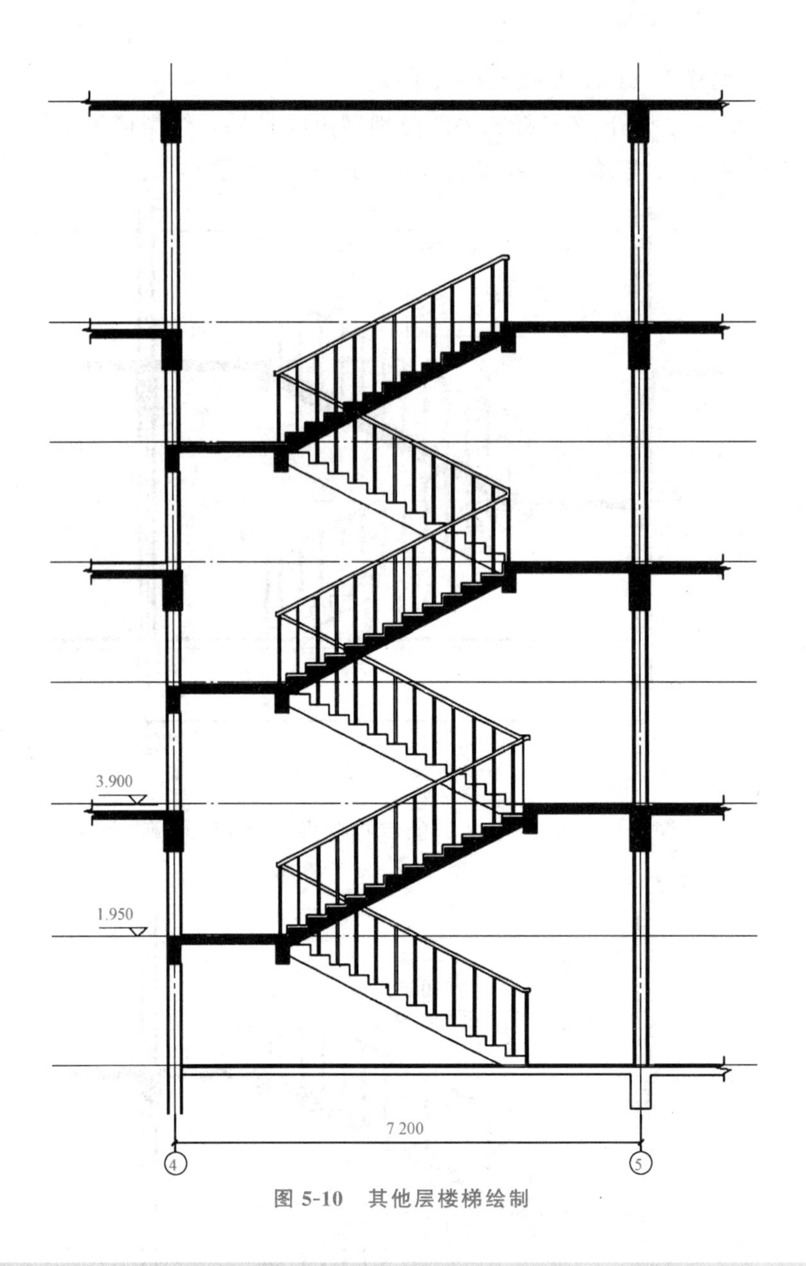

图 5-10　其他层楼梯绘制

2.6 绘制看线

绘制剖面图时，要注意看线的绘制及位置。通常，在剖面图中主要是梁柱的看线绘制。1—1 楼梯剖面详图中④、⑤轴线上能够看到柱子的看线。

绘制步骤：输入 O，执行“偏移”命令，偏移距离 250，将④、⑤轴线分别向左右进行偏移。偏移完成后选中直线调整至看线图层。输入 TR，执行“修剪”命令，将柱看线修剪完成。

2.7 尺寸标注

绘制完成的剖面图进行尺寸标注，主要包括标高标注及必要的文字引注，详细步骤参见“项目 4 任务 2　①～⑧轴立面图的绘制”中的立面图标注。

2.8 绘制图框

打开绘制的 A2 样板文件，用缩放命令(SC)缩放图框，缩放比例为 1∶100，然后将绘制完成的图布置在图框中，结果如图 5-11 所示。

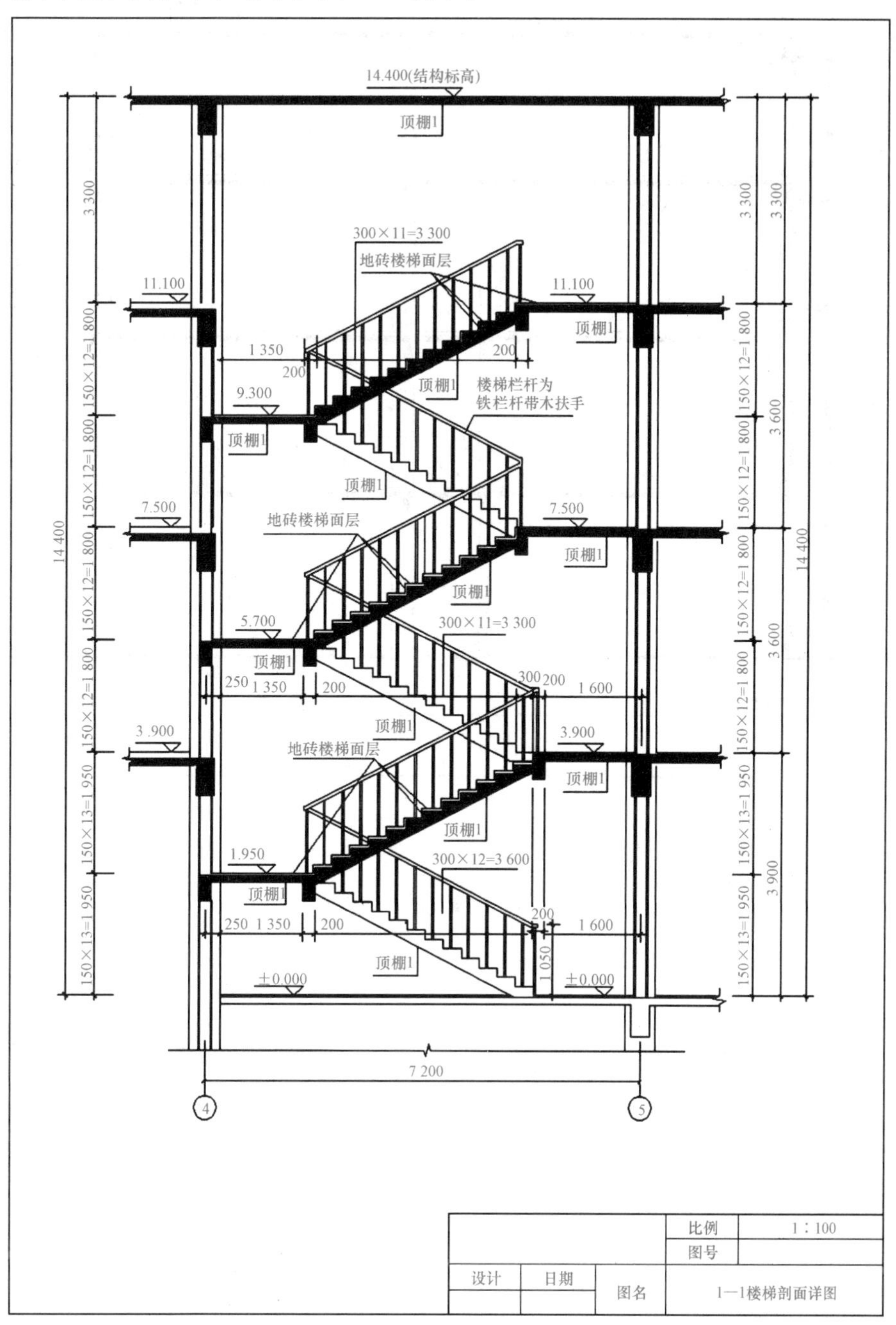

图 5-11　1—1 楼梯剖面详图

课后任务

仿照1—1楼梯剖面详图的绘制过程绘制1—1剖面详图(图5-12)。

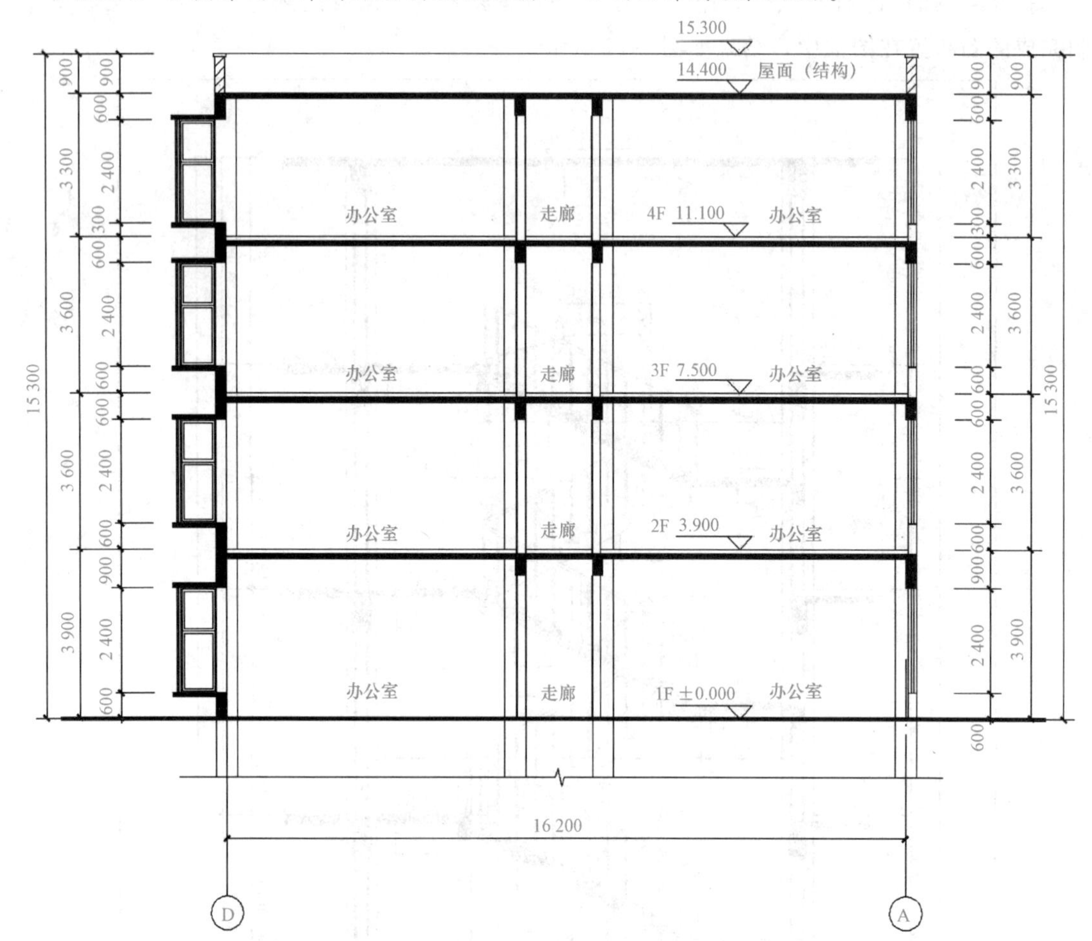

图5-12 1—1剖面详图

学习笔记

项目 6 建筑详图的绘制

任务 1 建筑详图的内容与绘制过程

绘制任务

绘制建筑详图，如图 6-1 所示。

视频：建筑详图的绘制

知识目标

1. 建筑详图的主要内容；
2. 建筑详图绘制过程。

能力目标

掌握建筑详图的绘制过程。

素养目标

培养学生专注、细致的工匠精神。

1.1 建筑详图的主要内容

建筑详图就是把房屋的细部结构、配件的形状、大小、材料的做法，按正投影原理，用较大的比例绘制出来的图样。它是建筑平面图、立面图和剖面图的重要补充。建筑详图所用比例依图样的繁简程度而定，常用的比例为 1∶1、1∶2、1∶5、1∶10、1∶20。建筑详图可分为节点详图、构配件详图和房间详图三类。

通常情况下，如已完成建筑平面图、建筑立面图和建筑剖面图的绘制，则可从中抽取相应的部位，再通过 AutoCAD 强大的绘图功能和编辑功能完成详图的绘制。但如果详图和已绘制出的建筑施工图差别较大，就必须独立绘制建筑详图。

建筑大样图主要包括的内容有以下几种：

(1)某部分的详细构造及详细尺寸。

(2)使用的材料、规格及尺寸。

(3)有关施工要求及制作方法的文字说明。

1.2 建筑详图的绘制过程

绘制建筑大样图的主要过程如下：

(1)创建图层。

(2)需要时可将平面图、立面图或剖面图中的有用部分复制到当前图形中，以减少工作量。

(3)不同绘制比例的详图都按 1∶1 的比例绘制。可先画出作图基准线，然后利用“Offset”及“Trim”命令形成图样的细节。

(4)插入标准图框，并以出图比例的倒数缩放图框。

(5)对绘图比例与出图比例不同的详图进行缩放操作，缩放比例因子等于绘图比例与出图比例的值，然后再将所有详图布置在图框内。例如，有绘图比例为 1∶20 和 1∶50 的两张详图，要布置在 A3 幅面的图纸内，出图比例为 1∶50，应先使用“Scale”命令缩放 1∶20 的详图，缩放比例因子为 2.5。

(6)标注尺寸。

(7)对已经缩放 n 倍的详图，应采用新样式进行标注。标注总体比例为出图比例的倒数，尺寸数值比例因子为 $1/n$。

(8)书写文字。

(9)保存文件。

任务 2　详图的绘制

绘制任务

绘制台阶详图。

知识目标

1. 绘图环境的设置；
2. 能够插入轴号和轴线；
3. 绘制地坪线、墙体、踏步和台阶各层填充图例。

能力目标

掌握绘制台阶详图方法和步骤。

素养目标

严格执行制图标准，培养学生养成严谨、精益求精的绘图习惯。

绘制图 6-1 所示的台阶详图，绘制过程如下。

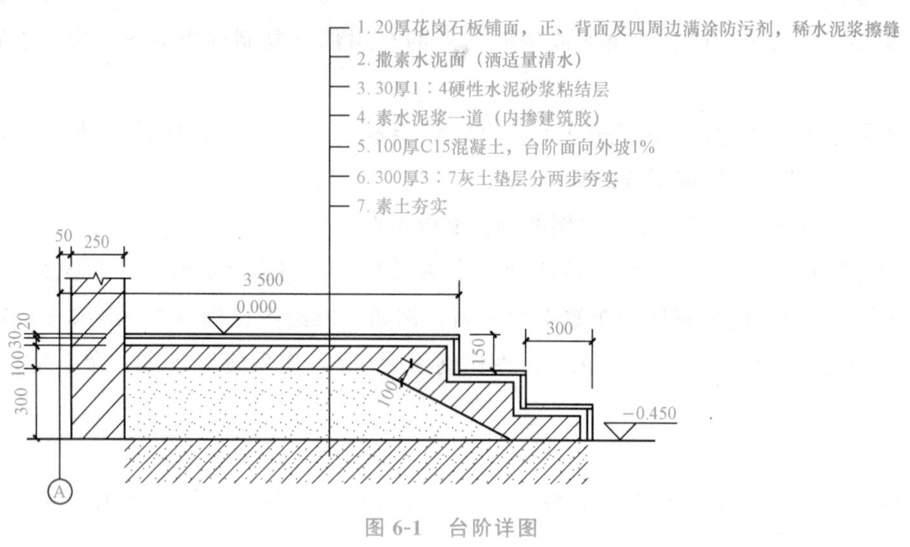

图 6-1　台阶详图

2.1 绘图环境绘制

执行菜单栏“格式”→“图形界限”命令，设置图形界限 59 400×420 000(A2×10)，设置总体线型比例因子为 1∶10。创建以下图层(表 6-1)，当创建不同的对象时，应切换到相应的图层。

表 6-1　节点详图的图层

图层名称	颜色	线型	线宽
构造	白色	Continuous	0.7 mm
填充	白色	Continuous	默认
轮廓	白色	Continuous	
标注	绿色	Continuous	默认
文字	白色	Continuous	默认
墙体	黄色	Continuous	默认
踏步	蓝色	Continuous	默认

2.2 插入轴号和轴线

执行“插入块”命令(insert)将轴号和轴线插入进来，如图 6-2 所示。

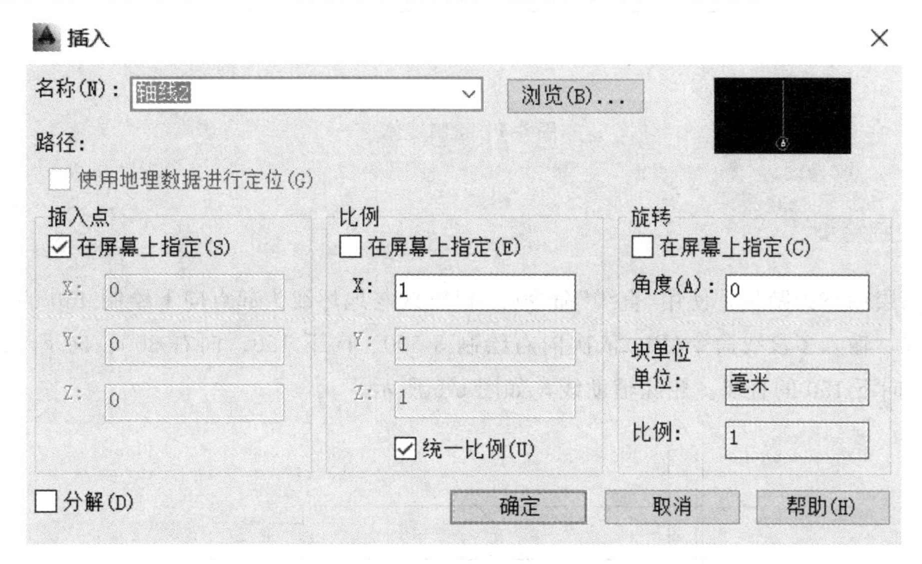

图 6-2　插入轴号和轴线块

2.3 绘制地坪线

将图层调整为轮廓，使用“直线”命令(L)绘制出地坪线，如图 6-3 所示。

图 6-3　绘制地平线

2.4 绘制墙体

使用“直线”命令(L)在周线上绘制一条辅助线，执行“偏移”命令(O)，输入偏移距离 50，再使用“偏移”命令偏移 250，最后将轴线上的辅助线删除，墙体绘制完成，如图 6-4 所示。

图 6-4　绘制墙体

2.5 绘制踏步

将图层调整为踏步，使用“直线”命令(L)以轴线与地坪线为起点向上绘制 450 的直线作为辅助线，输入多段线命令(PL)依次向右绘制 3 500、向下 150、向右 300、向下 150、向右 300、向下 150 的直线。删除辅助线，如图 6-5 所示。

图 6-5　绘制踏步

2.6 绘制 20 厚花岗石面层和 30 厚水泥砂浆粘结层

使用偏移命令(O)将踏步向下偏移 20 和 50。使用“修剪”命令(TR)将多余直线进行修剪。如图 6-6 所示。

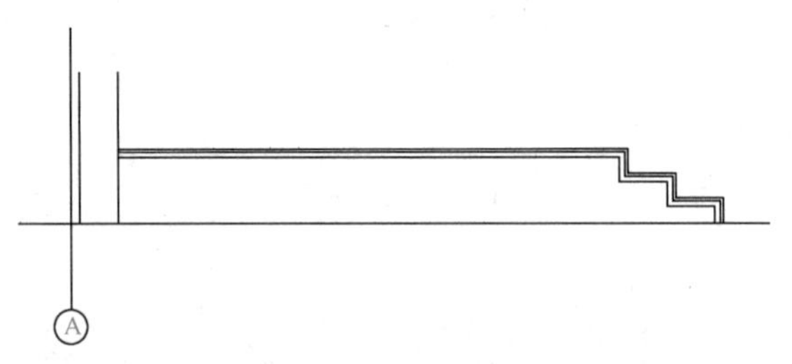

图 6-6　绘制面层和粘结层

2.7 绘制 100 厚素混凝土

使用“直线”命令(L)在踏步阳角处绘制一条辅助线，使用复制命令(CO)将辅助线向下复制另一条辅助线，重复使用“复制”命令(CO)将第一条辅助线向下复制距离为 100 的直线，使用“炸开”命令(X)将最下面踏步炸开，使用“偏移”命令(O)将水平直线向下偏移 100。

使用“倒角”命令(F)将素混凝土地板连接上，使用“延伸”命令(EX)将地板与地坪线连接上，再将辅助线删除，如图 6-7 所示。

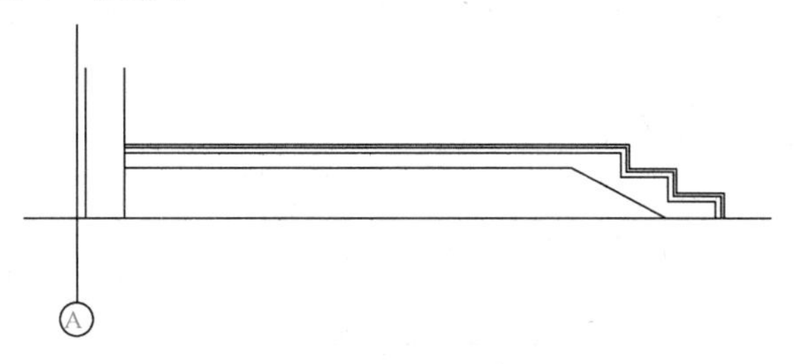

图 6-7　绘制 100 厚素混凝土

2.8 填充图例

使用“填充”命令(H)填充图例，如图 6-8 所示。

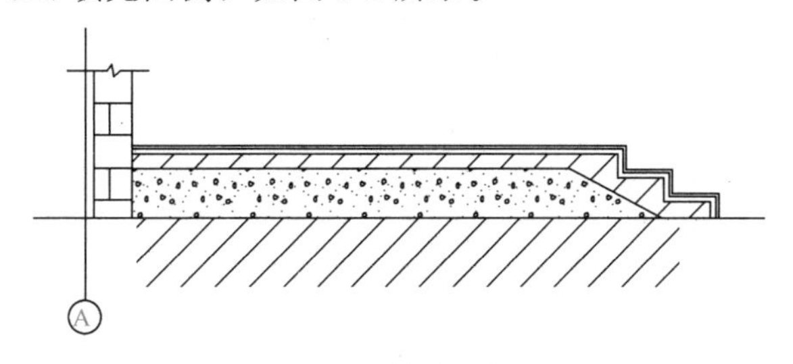

图 6-8　填充图例

2.9 其他细节

完成尺寸标注及文字引注等细节，如图 6-9 所示。

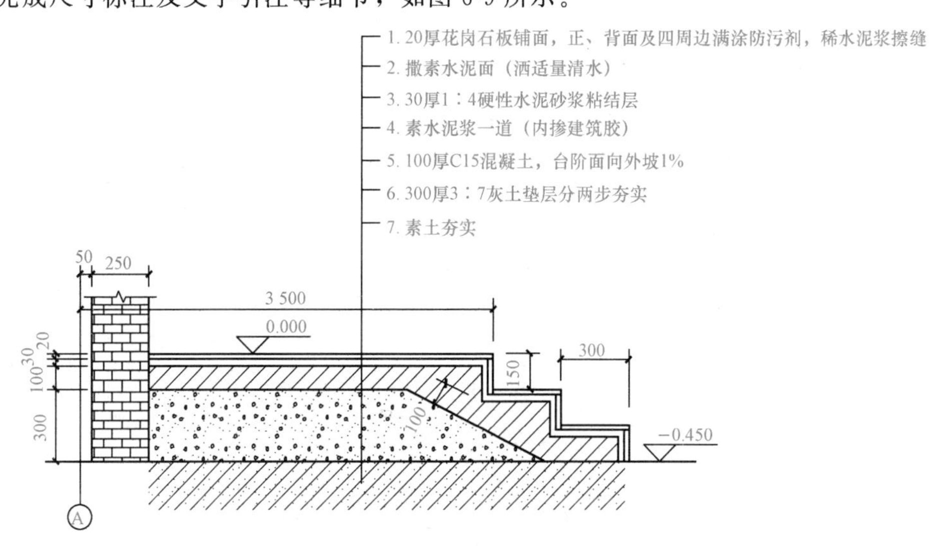

图 6-9　尺寸标注及文字引注

课后任务

绘制图 6-10 所示的散水详图。

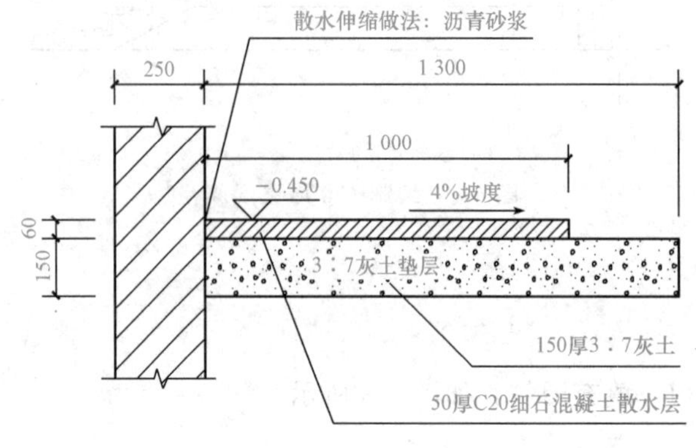

图 6-10　散水详图

学习笔记

参考文献

[1] 中华人民共和国住房和城乡建设部，中华人民共和国国家质量监督检验检疫总局．GB 50001—2017 房屋建筑制图统一标准[S]. 北京：中国建筑工业出版社，2018.
[2]王蕊．建筑 CAD 案例教程[M]. 北京：电子工业出版社，2017.
[3]袁雪峰．建筑 CAD(少学时)[M]. 重庆：重庆大学出版社，2023.
[4]巩宁平，陕晋军，邓美荣．建筑 CAD[M]. 5 版．北京：机械工业出版社，2019.